绿手指杂货大师系

怀旧杂货花园

日本 FG 武藏 / 著　　久方 / 译

长江出版传媒　湖北科学技术出版社

自由生长的花草树木、
镌刻时光痕迹的各式杂货，
组合成绿荫之中的怀旧风花园。

没有鲜艳的色彩或甜腻的香气，
这种松弛而略带怀旧感的氛围也很好。

在寻常的每一天，
时光静静地流淌，
而打开心灵的开关就藏在花园里。

目 录

Contents

私家花园

享受在私人空间的珍贵时光

在绿意盎然的空间里放上一把椅子，
花园就成为一个让人放松的地方。
甄选家具，让其成为花园中的一道风景线。
一起来看看这样一座美丽而治愈的花园。

在丰盈的绿色植物中摆上桌椅，搭配白色系桌布和抱枕，享受优雅的时光。

岩城女士家的住宅位于分岔路的尽头。经过香草芬芳的小路，打开一扇精巧的门，门的另一边是被绿荫围绕的秘密空间。

先映入眼帘的是位于花园中心的铁艺圆拱形花架。花架上牵引着木香，没开花的时候像一个绿色的半球，给花园带来清凉的绿意。

岩城女士说，花架一开始是放在花园的一角，后来为了让空间更加有层次感而移到这个位置。无论站在花园的哪个位置，视线都会被花架遮挡，反而让花园看起来更加幽深。岩城女士很擅长木工活，她自己制作了工具小屋，还为正在上小学的女儿打造了一座小木屋。在这些构造物的周围，摆着餐桌和浇水壶等物品，让花园高低错落，增加了空间的层次感。

"花园是我的私人空间。在花园里，可以不用介意他人的眼光。坐在椅子上，闻着香草或月季的香味，耳边是叶片沙沙的声音，放松而惬意。我女儿也经常邀请朋友到花园里玩。"

有时，岩城女士和家人们还会相聚在花园里吃早餐，充分享受这个绿色空间。

红砖小路的尽头是
有着花架和小屋的绿色空间，
仿佛置身在法国的乡间小院

岩城由香女士

A 大型圆拱形花架的一角。摆放着白色的喂鸟器和花盆架，连接花架的内外。B 花园前的小路。小路两边是生长旺盛的百里香或薰衣草，经过时能闻到香草的芬芳气味。红砖小路也是岩城女士自己铺设的。

C 风格独特的鸟笼装饰着小屋。岩城女士喜欢像这样把杂货摆在不经意的位置。D 已经变成秋色的绣球花种在小屋的前面。复古的色调与岩城女士所建造的小屋搭配，十分和谐。

圆拱形花架的内侧种植着绣球‘安娜贝拉’。大型的白色花朵让原先有些阴暗的角落变得明亮起来。

白色小门后的小木屋是专门为害怕蚯蚓的女儿建造的，地面用石板铺设。浆果植物的枝条覆盖着小屋，成为花园的一个焦点。

锈迹斑斑的杂货
让花园有了时光的痕迹

在桌面中心开一个长方形的槽，嵌入生锈的洗手盆。桌脚边的蕺菜就让它随性生长。

圆拱形花架的中心放置着黑色铁艺餐桌与白色的鸟浴盆搭配，宁静而美好。

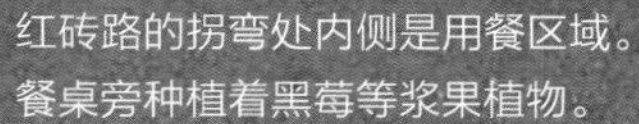

红砖路的拐弯处内侧是用餐区域。餐桌旁种植着黑莓等浆果植物。

花园布局
Garden's layout

红砖小路从路口一直蜿蜒至花园深处。砖路的尽头隐没在郁郁葱葱的植物中，好像会一直延伸到远方。

用餐区旁是 DIY 制作的工具小屋。以园艺店的工具屋为蓝本，搭配植物和杂货，也成为花园一景。

A 铺路用的红砖有一部分是从之前住的公寓的阳台上拆下来的。巧用多种材料能让花园更有层次感。B 多肉植物朴素的色彩让小空间变得更加舒适。

F氏以前是在公寓的阳台上打造小花园，享受种植的乐趣。他非常喜欢植物，在阳台上摆满了月季、香草等盆栽，还把月季牵引到小型的廊架上。阳台上的植物茂盛生长，让人感觉不到阳台的空间限制。但是，在逐渐认识到草花的魅力后，他更加向往能在土地上打造花园。两年前，他在家附近发现了正在出售的带花园的房子，于是便决定买下。

他陆续把不适宜种植在阳台的树木和旺盛的攀缘植物移栽到新家。花园日渐丰满，接下来就是布置可以坐下来欣赏美景的地方。“有了想法就要立刻付诸行动。”他在幽静的小路旁放置长椅，劳作的间隙可以在此休息并观察植物的生长状态。长椅的油漆看上去有些斑驳，是F氏和女儿一起用锉刀做旧的。

F氏还让儿子帮忙在长椅对面的木甲板上安装了木质廊架。油漆还没有涂好，就先布置了桌椅，今后这个休憩空间还会继续升级。

在家人的帮助下
亲手打造家具，
让空间变得更加惬意

F氏

C 木桌上陈列着杂货。古董绞肉机和红色油罐的复古风格让此处更有韵味。D 小路旁尚未种植的空地上摆放着锈迹斑斑的牛奶罐，令人印象深刻。E 建在木甲板上的木质廊架。“要涂什么颜色的油漆呢”……想象着花园今后的景象考虑改造方法，是一件令人愉快的事情。F 花园路口延伸出去的小路尽头布置着公交车站样式的小屋，成为花园的焦点。

精心布置的杂货
让花园的层次更加丰富

色彩低调的多肉植物组合盆栽、装满干花的篮子，再加上富有手作感的涂刷工具构成了这个温暖的场景。

公交车站式的小屋壁面设置了陈列空间。活用精心收集而来的杂货，充分体验装饰的乐趣。

长椅一侧的白色鸟浴盆里漂浮着修剪下来的花朵。

花园布局

Garden's layout

木甲板上的陈列柜还兼具遮挡空调室外机的作用。陈列柜上的隔板便于摆放小物件。

长椅的前方种植着巧克力波斯菊、低矮的筋骨草等紫色植物，构成雅致小景。

A

建筑物和家具隐没在繁茂生长的植物中，形成梦幻般的自然花园

梅津惠女士

B

C

梅津女士的自然花园以深山的绿色树木为背景，犹如童话故事中的梦幻花园。乡村风住宅的外墙贴着褐色的砖块，让人仿佛置身于欧美的乡间度假庄园。

其实，这座花园是在两年前完成的。梅津女士想建一座和房子契合的花园并委托给一家园艺公司来设计。就这样，这座因毛地黄和玉簪等植物而充满生机的花园诞生了。亮色沙砾

覆盖的地面上呈水滴状分布着紫叶车轴草。花园里还有很多野趣十足的小景，展示着自然而独特的生态。

园内布置着可供休憩的桌椅。繁忙的工作日过后，梅津夫妇会在花园里度过悠闲的周末时光。在各色花草的围绕中，一起用餐、聊天……梅津女士期待着植物生长繁茂、不太需要打理的时候，可以招待朋友们来举办花园派对。

这座郁郁葱葱的花园为梅津一家的生活增添了许多惬意。

A 麻兰、薹草、紫叶鼠尾草等多彩的叶片装点着外墙。B 入口处摆放着大型盆栽。具有雕刻感的大型叶片很引人注目。C 繁茂生长的植物簇拥着桌椅。

D 紫色的车轴草搭配老旧的畚斗，让人感受到造园者的童心。E 以古旧的水井为意象打造的小景。后方的森林为空间增色不少。F 邮筒旁是观叶植物花坛。生机勃勃的玉簪、绣球搭配黑色叶片的橐吾，令人眼前一亮。

陶醉于绿叶与花朵的争奇斗艳，仿佛误入了绘本里的世界

G 随意摆在绣球旁的古旧杂货，有着浓郁的异国色彩。H 桌椅前是荒岛风格的花坛。花草间装饰着浮木，令人印象深刻。I 木质栅栏和轮毂等物件营造悠闲的氛围。毛地黄、翠雀等花朵点缀着绿色的空间，形成华丽的视觉效果。

富有意境的窗边风景
静静感受时间的流逝

攀爬在红砖外墙上的花叶地锦
给窗边带来了活力。

在视野开阔的栅栏前种植毛地黄、麦仙翁、阿米芹，低矮处种植白车轴草，形成富有野趣的草花花坛。

以砖墙为画布，装饰着梯子、工具等旧物。在草花植物中加入了紫叶植物，让整体风格更成熟。

花园布局
Garden's layout

用明亮的沙砾铺地，间或种植紫叶酢浆草。酢浆草在慢慢扩张，让人不禁期待花园未来的样子。

坐在椅子上往入口方向所看到的风景。因为花园位于山丘上，郁郁葱葱的树木形成了天然的围挡，私密性很好。

古董杂货、进口家具……

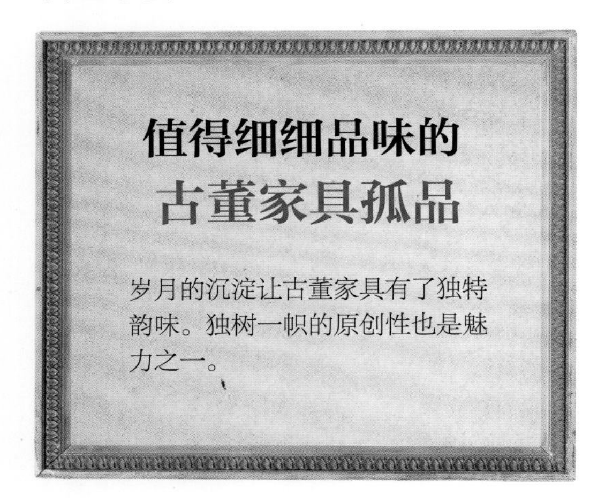

值得细细品味的
古董家具孤品

岁月的沉淀让古董家具有了独特韵味。独树一帜的原创性也是魅力之一。

造型简约的长椅搭配
锈迹斑斑的铁艺圆桌，
让人印象深刻

造型简单却不落俗套的长椅搭配小巧而便利的铁艺圆桌。长椅的椅面较窄，可以放在很小的空间里。

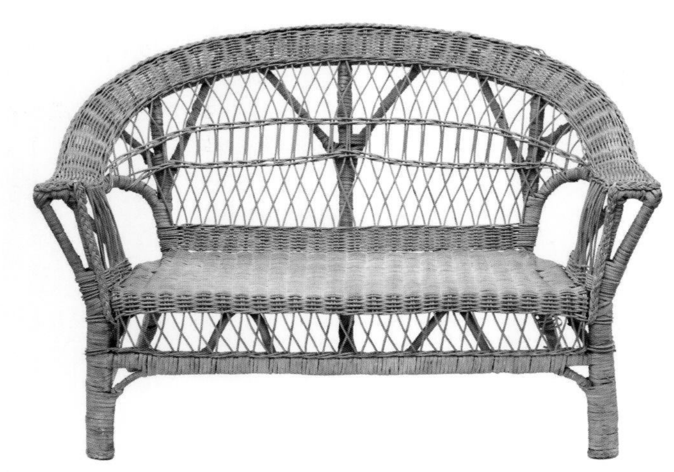

藤编的材质给人自然的感觉

可爱的藤编单人长椅，因为是儿童用的迷你尺寸，所以可用于陈列杂货或者盆栽。

让花园更舒适，打造如诗如画的场景

自成风景的
桌子 & 椅子

桌椅不但有实用价值，如果造型美观，
还能成为富有氛围感的装饰品。
这里，我们将推荐一些适合怀旧风格花园的家具。

独具魅力的
超现实主义造型桌椅

日本产的小型圆桌及配套的圆形椅子，颇具现代感的造型设计加上铁锈的做旧感，有着不可思议的魅力。

木质桌椅有着温暖的质感

木质桌子是20世纪20年代左右开始在日本销售的，桌脚造型独特。

马口铁桌子 & 椅子
演绎复古风格

可折叠的马口铁桌子是万能家具。颜色鲜艳的复古铁艺椅子，可为空间增色。

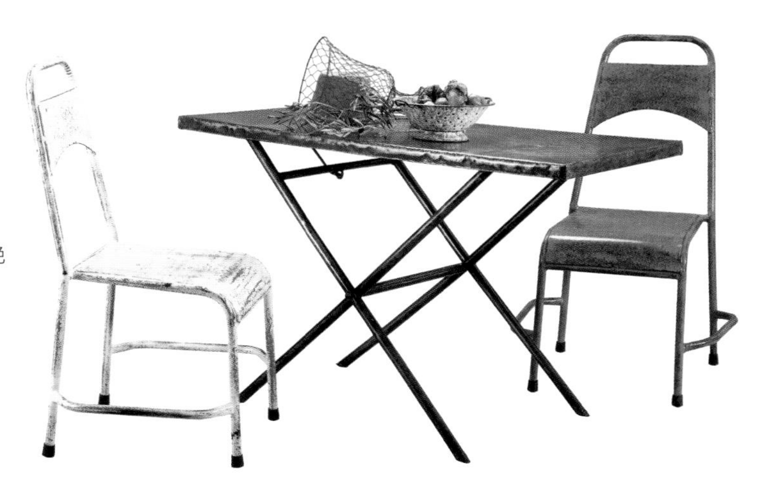

做旧风格、简易造型、定制家具……

价格较为适中的现代家具

近年来，古董家具的价格日益高涨。将现代家具进行做旧处理，呈现经过时间沉淀而散发的岁月感，与真正的古董家具十分相似。而且这种做旧风格的现代家具价格适中，更易入手。

让工作区变时尚的木质桌椅

这张色调沉静、带抽屉的桌子很适合当作工作台。木质折叠椅，方便移动和收纳。

适合放在阳台等狭窄空间的小型成套桌椅

白色的桌椅很适合搭配植物，轻微掉漆的做旧工艺让桌椅看起来像古董一样。除了可供休息之外，椅子也可以用来摆设花草和杂货。

怀旧风格的桌椅
营造闲适的氛围

使用回收再利用的老物件制作而成的复古风格家具。
桌子和椅子的脚都镶嵌了铁制品。

随着使用而愈发有魅力的小型桌椅

简约的造型和小巧的尺寸，让这套桌椅适合各种场景。
桌子和椅子都是可折叠的，容易收纳也是其魅力之一。

Order made

仿古造型的定制家具
仿佛带着生活的温度

这张折叠式矮桌很适合放在户外，桌脚颜色是能够映衬绿色植物的浅绿色。造型简单的板凳还可以作为花架，也可在修剪高处的植物时用作垫高凳。

cozy garden
Loose style

打造舒适花园的关键在于适度的松弛感

井然有序的花园当然是很棒的，不过，如果追求的是身在花园中的舒适感，适度的松弛感是必不可少的。接下来，我们将介绍4个让人身心放松的花园。

日式庭院中，日式杂货的陈列背景则是西式风格的白色墙面，奇妙的组合让人眼前一亮。

A 花园全景。各处可见老物件。B 把有岁月感的住宅靠花园一侧的外墙刷成白色。白墙前的烟囱（炉灶的一部分）和古旧的园艺叉让花园更有特色。

喜欢老物件独有的怀旧氛围，与绿色植物的搭配凸显了旧物的魅力

cozy garden Loose style

松本美琴女士

松本女士居住的小镇有着广阔的农田和茂密的森林，十分宁静。她的家是一座竹林旁的瓦片古民居。房子一侧被改造为藏品店“YAMA AKARI ”，主营古董杂货。内侧的花园可以看作是藏品店的延伸空间。浴桶、婴儿车等大型老物件随意摆放在花园各处，整个花园就像个大玩具箱一样充满乐趣。

地面铺设的枕木张弛有度地划分花园的空间，让人印象深刻。其实这是为了防范附近竹林根系的扩张入侵，在枕木之间填入土壤，再种植植物，让植物有良好的生长空间。

旧材料和老物件多为古朴的色调，而白墙和白色栅栏又让花园有了欧式乡村花园的氛围。松本家的花园中最有特色的是一些看不出原貌的零部件，如印刷机的配件等。这些元素巧妙地结合在一起，让花园既有日式怀旧感，又和传统的日式庭院不同，有一种天马行空式的奇妙感触。

cozy garden
Loose style

C 西式风格的墙面陈列让人很难想象这是一栋日式古民居。错落有致的置物架上摆放着各种老物件。D 在褐色旧农具的映衬下，翡翠珠和南天竹的果实显得更加鲜艳。主人会经常根据季节更换陈列。

·增加松弛感的植物·

Ajuga 'Chocolate Chip'

紫叶筋骨草

沿着地面扩张繁殖。随着气温降低，叶片会变成紫色，颜色的变化很美。冬季亦可观赏，在植物稀少的季节里是很珍贵的宿根植物。

Trachelospermum 'Hatuyukikazura'

花叶络石

花叶络石长势强健，叶片有白色斑纹，很适合装饰花坛。新叶呈粉红色，到了秋季则变成艳丽的红色，在松本家的花园里很出彩。

E 铺设枕木，打造成露台风格。竹林前是白色的栅栏，优雅地划分出花园空间。F 用枕木划分各个花坛。有的地方还铺设砖块，或者摆上老旧的工具。花坛看起来像是一件艺术品。

“这能用来做什么呢？
我很喜欢像这样思考如何活用老物件。”

好像穿越了时空
回到怀念的外婆家的花园

1

2

3

cozy garden
Loose style

1 复古的马口铁盘子上，鲜艳的芍药成为点睛之笔。
2 搭配老物件的红色的南天竹果子。这种红色果子是一种很好的装饰材料，能凸显白墙和生锈铁器的魅力。
3 贴瓷砖的洗手池用作花架。纯净的天蓝色调与绿色植物交相辉映。
4 复古色调的车轴草搭配生锈的花盆，呈现不同的美。
5 蓝色网格图案的马口铁罐子里种植了多肉植物，和其他沉稳的老物件形成反差。
6 刷漆后的蓝绿色长椅。花园主人以20世纪20年代流行的色调为参考，选择了这个颜色。

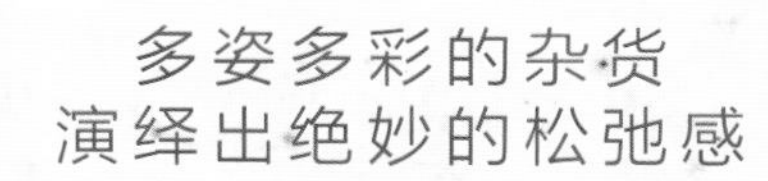

多姿多彩的杂货
演绎出绝妙的松弛感

各种带着流行色调的老旧杂货散布在花园各处。这些色彩丰富的老物件有着超越时空的时尚感。

4

5

6

视野开阔的窗台是爱猫佩蒂特专属的日光浴场所。阳光穿过树枝，照进窗台，令人心旷神怡。

手工制作的素烧陶盆 中和了茂盛的绿意， 呈现出和谐的自然风格花园

岸部和代女士

岸部女士在家中开设制作素烧陶盆的教室。13年前，她搬到日本千叶县郊外幽静的住宅区，以“树木茂盛、自在舒适”为目标，开始建造自家花园。

因为工作的关系，岸部女士熟知植物的习性，她花园中的植物搭配令人耳目一新。空地上种植着强健的香草植物或匍茎通泉草等匍匐生长的植物，野趣十足。宽叶的绣球、细叶的

A 后方的英国产烟囱里种植着虎耳草。右手边的风信鸡是在古董集市上淘来的，产自法国。看似随意的搭配正是岸部女士所喜欢的风格。B 小路旁的花盆悬挂架，就算没有植物，也能起到装饰作用。C 角落处以置物架为中心摆放着素烧陶盆，是一个幽静的角落。

金钱蒲等姿态各异的植物散布在花园各处，形成错落有致的景色。零星摆放的老物件、旧材料和手工制作的素烧陶盆让花园有了独特的个性。精心的陈列营造出朴素而悠远的氛围。

兼作工作室的住宅内部也摆放着来自国内外的旧杂货。花园的风格延伸至室内，各式杂货中装饰着芦笋、啤酒花等采摘晾干后的植材，如同一个植物展览室。岸部女士对花草植物的自如运用创造出了这个独特的空间。

花园中心摆放着桌椅，打造成中庭区域。右侧的悬挂架是废旧的医用输液架。岸部女士巧妙地运用了旧材料，变废为宝。

·增加松弛感的植物·

Fatsia japonica

八角金盘

光亮的掌状叶片存在感极强，是花园中的焦点，很受欢迎。

Abelia

大花六道木

春天，纤细的枝条上开出很多白色的小花。常绿灌木，全年都能为花园带来润泽的绿色。花谢以后也很美丽。

古旧的杂货和素烧陶盆搭配形成怀旧风格的花园

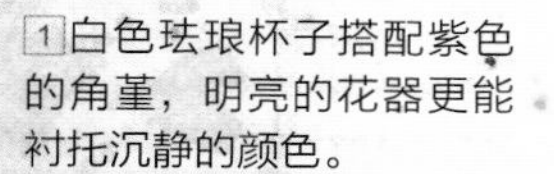

1 白色珐琅杯子搭配紫色的角堇，明亮的花器更能衬托沉静的颜色。
2 把花盆放进马口铁茶壶里。复古的造型加上圆齿碎米荠的绿叶，打造别样的怀旧风小景。
3 把景天属多肉植物像天平一样挂起来。花器是用黄铜做的，哑光的质感看起来很有魅力。

营造出松弛感的素烧陶盆

除了手工制作的素烧陶盆，
岸部女士还把各种有趣的厨房用具用作套盆……
这些富有生活情趣的物件，
给花园带来优雅、闲适的氛围。

长椅上摆放着岸部女士制作的素烧陶盆，手工制品带给人温暖的感觉。

我想打造一座能够
感受时光静静流淌的森林花园

山下洋一先生

为了牵引月季而制作的廊架。山下先生在花园里种植了五十余种月季，最喜欢的品种是‘黄油硬糖’。

cozy garden Loose style

在幽静的住宅区里有一个绿意葱葱、如同森林般美丽的角落，这是经营着一家花园设计与施工的园艺公司的样板花园，山下先生花了3年时间打造的。园中的草木十分茂盛，让人难以想象这座花园只建成了短短几年。

“我想要一座像小森林一样的花园，”山下先生如是说。园中的主角是乔木，一棵叶片银灰色的树木位于花园中心。其他植物的栽种充分考虑浓淡搭配，呈现出立体而富于变化的景色。

山下先生最喜欢的是铺着英式白石板、放着长椅的角落。夏季，高大的树木投下阴影，香草散发出芬芳的气味。秋季，落叶树的叶片掉光了，阳光照进这个角落，又是另一番美妙的景色。

木甲板区则交由太太——信子女士打理。这里收集了她喜欢的各式中古品，与绿色植物交相辉映。

A 被雨水冲刷后快腐朽的木桌和绿色植物的搭配令人印象深刻。B 起居室前的木甲板区围着木板墙，是房屋的延伸空间。墙面装饰着铁艺栅栏、木梯、马口铁盆等杂货。

木桶、木箱等废旧生活用品可以当作花盆或套盆使用。

· 增加松弛感的植物 ·

桉树

桉树有很多品种，叶片的形状和颜色各不相同。山下先生的花园里种植着多种桉树，他最喜欢的是圆叶多花桉树。

银粉金合欢

蓝绿色的叶片营造出独特的氛围。早春时节会开出明亮的黄色花朵，为花园带来春天的讯息。

带来松弛感的小鸟装饰品

在这个以森林为意境打造的花园中，随处可见小鸟造型的杂货或鸟巢。诀窍是把这些装饰品藏在草花或者树木枝叶中。

在室内装饰中加入旧物和花草
提升空间的设计感和氛围

C 造型美丽的铁艺吊灯。吊灯上挂着信子女士制作的绣球干花，增添了美感。D 普罗旺斯产的白色器皿是信子女士的钟爱之物。和植物搭配，更添复古的气质。E 旧行李箱兼具收纳和展示的作用。

1 山下先生的花园中种植了很多会结果的树木，是小鸟们的乐园。造型可爱的鸟巢挂在树枝上，不仅是小鸟们歇脚的地方，也为花园增色不少。
2 复古造型的白色陶瓷喂鸟盆。摘下来的鲜花可以放在盆中以供观赏。
3 掩映在绿色植物中的小鸟雕塑，构成绝妙的平衡。不开花的盆栽也能起到装饰效果。

以水泥墙为背景，乡村风格的杂货和铺地的酢浆草搭配，神秘幽静。

老物件和杂货被绿色植物覆盖，自然地融入花园中

内藤佐代子女士

廊架和铁艺装饰是内藤女士订制的。用废旧材料制成的铁艺装饰存在感十足。

内藤女士所经营的服饰店位于市区的小巷子里。里侧有一个花园，和店铺里的热闹不同，有一种静谧的美好。20年前，内藤女士搬到这里居住，开始打造花园。她没有委托园艺公司帮忙设计，从小路的设计到树木的修剪，都是她亲力亲为。

“很多人喜欢月季大量盛开的华丽花园，我却更喜欢树木。它们不需要过多的打理，自由生长的样子就很美丽。”她在造园初期种下的树木如今已经郁郁葱葱，为花园带来或深或浅的绿意。生锈的杂货和旧廊架上爬满了常春藤，仿佛在述说时光的流逝。

不过分追求完美的打理方式让花园成了舒适的存在。园中装饰的杂货大部分是旧的生活用品。茂盛的植物爬上杂货，带来独特的韵味。

内藤说：“每个角度都有不同的样貌，带来不同的愉悦。虽然是熟悉的自家花园，但是怎么都看不腻。”与主人相伴相依、被用心守护着的花园随着岁月流逝，变得愈发迷人了。

cozy garden Loose style

·增加松弛感的植物·

Pulumbago

蓝雪丹

不需要过多打理就能旺盛生长的藤本植物。初夏到秋季会开出淡蓝色花朵，带来清爽舒适的感觉。

Melaleuca

白千层

松针般的细叶是它的特征之一。夏季会盛开鲜艳得像瓶刷一样的红色花朵，成为绿意葱茏的花园中的焦点植物。

种植着多棵乔木的花园中经常有小鸟来访。主人把喂鸟器挂在树枝上，打造对鸟类友好的生态花园。

砖头铺设的一人宽小路。蓝色的盆器是40年前生产的汤锅。

小路的分岔处使用了材质、颜色、设计各不相同的砖头，十分有趣。

cozy garden
Loose style

每次踏进园路都能发现花园的新面貌

演绎绝妙松弛感的老物件

废弃的材料到了内藤女士的手中，
也能变成时尚的摆件。
把天马行空的创意带进花园，
搭配成为绿色植物中的点睛之笔。

繁茂的马缨丹枝条缠绕在长椅上方，显得野趣十足。深秋时节花量减少的萧瑟景象也别有一番风情。

1摆放着古旧桌椅的一角。怀旧风格的桌椅十分可爱。
2栅栏上挂着的大红色风灯，在素朴的背景前是抓人眼球的存在。
3朋友送来的婴儿车造型的推车。植物攀缘覆盖着推车，在无形之中展示岁月的流逝。
4马缨丹搭配摩洛哥风格的风灯，很有异国风情。

{ 专栏 场景打造设计课 }

点亮场景的各种物件

拱门、塔型花架等让空间更为立体的构造物是打造小景的关键。因此，挑选合适的构造物是很重要的。这里将介绍几个和谐而美好的场景。

1

2

3

1. 造型纤细的铁艺推门是从英国进口的。褪色的栅栏和斑驳的黄色油漆很般配。
2. 木质长椅搭配白色拱形花架，打造自然风格的空间。牵引在花架上的藤本植物像是绿色的花环一样装饰着上方空间。
3. 刷着灰蓝色油漆的花园工具房，屋顶上牵引着枝条，自然地融入绿色的背景中。

5

6

8

4. 风格突出的石头墙是切换场景的隔断。粗犷的设计让其成为很好的背景墙。

5. 木质的塔形花架，与背景融为一体。铁线莲的枝条随意地缠绕在花架上，让花坛立体起来。

6. 温室与线条纤细的花园门都是白色的，搭配枝条柔软的藤本植物多花素馨，显得清爽而和谐。

7. 用褪色的木栅栏隔断野趣十足的空间，鲜艳的铁线莲是点睛之笔。

8. 灯柱上的常春藤在灯光的照映下更加柔美。树木投下的斑驳影子也有别样的意趣。

在“Gallery 黑豆”的小花园中，营造氛围感的诀窍是“尽可能塞满”。

和小花园里的植物一起生活

在推开门、走几步就能看到尽头的小空间里，只要有润泽的植物和富有韵味的杂货，就能成为心灵的休憩之地。一起来欣赏这些富有个性且自由的空间吧。

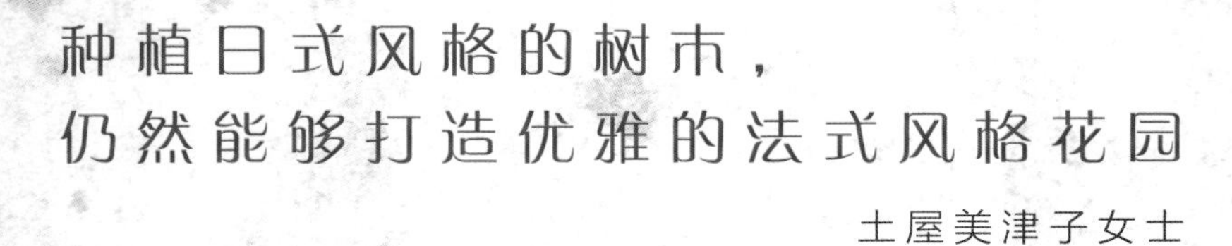

种植日式风格的树木，仍然能够打造优雅的法式风格花园

土屋美津子女士

17年前，在田园风光秀美的日本埼玉县松山市郊外，土屋女士开设了销售老物件和杂货的店铺“Gallery 黑豆”。售卖商品的种类和风格随着店长的心情，时有变化。现在主要是以“法式”“复古”“斑驳的涂装”为关键词，收集了一些杂货。

在40年树龄的枇杷树下有一块4张榻榻米大小（约6.5㎡）的木甲板，旁边还有小花坛。土屋女士对于美的理解就体现在这个小小的花园里。被房屋半包围的木甲板上，沿着墙壁搭建了置物架，立体地展示了盆栽和杂货。这些斑驳而有韵味的杂货以蓝色及灰色为主，形成了优雅而素朴的氛围。

另一方面，花坛地栽的植物以槭树、八角金盘、绣球等日式花园常见的植物为主。植物之间摆放着非洲产的老木桩和生锈的铁罐等，为花园带来沉稳的基调，同时也是木甲板的背景。这个怀旧风格的花园成了来访顾客们放松身心的休憩地。

A 门的另一侧是杂货店。在丈夫的帮忙下，土屋女士将花园扩建成“凹”字形。B 大树下种植着白花的绣球和大株的玉簪。

蓝色和灰色的杂货给白墙增添了色彩

Small garden

C 以白墙为背景，高低错落地摆放着大小不一的花盆，富有韵律感。D 打开杂货店一侧的门就能看到陈列着杂货的木甲板，背景是茂盛的花坛。E 带轮子的架子上摆放着三角堇和角堇的盆栽，让这个角落也热闹了起来。所用的花盆来自美国、法国、日本等不同国家。

清丽的白色月季和红色的大丽菊交相辉映

随意放置的打字机、旧车牌等雕刻着时间印记的老物件让月季等植物看起来更有活力。

a.

b.

室内装饰

Fresh & Dry 杂货陈列

土屋女士的杂货店内也装饰着不少植物，为室内的小场景增色不少。

在中古杂货中加入植物的鲜活色彩

c.

d.

a. 玩具钢琴上以拼贴画的方式贴着印有法语的纸条，是土屋女士亲手制作的。桌上摆放的月季和苹果为这个小景增添了温柔的色彩。
b. 墙上挂着法国产的信箱等温暖色调的木质杂货。盆栽葡萄的叶片带来了一抹清新的绿色。
c. 篮子里放的海棠果为桌面增加色彩。
d. 古旧的桌子上摆放着六出花的切花，阳光照射进来时，给这个角落增添了温暖的气息。

中古色调的木板墙上挂着装饰用的假窗户，看上去很有格调。

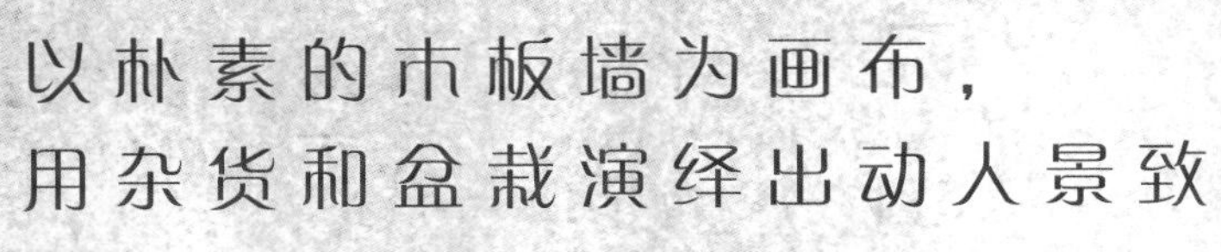

以朴素的木板墙为画布，用杂货和盆栽演绎出动人景致

樱井伯子女士

樱井女士家是一栋2层的独立住宅，花园位于与二楼起居室相连的阳台。进入花园，先映入眼帘的是扶手一侧的约1.6m 长的木板墙。这是入住当初，为了遮挡邻居的视线，樱井女士特意委托施工单位建造的。墙边有置物架和木箱，陈列着杂货和盆栽。自然风格的壁面成为了主人表达内心世界的最好载体。搭配的杂货多为马口铁等材质，营造出质朴而怀旧的氛围。

樱井女士认为，花园不应过多装饰。“就算没有种满植物，也能感受到自然的气息。从起居室往外看，现在植物的体量是最好的。”她有意识地减少杂货和盆栽的数量，露出木板墙的木材纹理。作为花盆使用的旧罐头、旧陶盆等杂货提升了场景的深邃感……

可以随意更换摆设、打理轻松的阳台空间让樱井女士的生活更加舒适。

A 种了小蜡、新西兰槐等盆栽树木。这些树木的生长比较缓慢，可以放心种植。B 从起居室向外看到的阳台风景。木板墙很好地遮挡了邻居的视线。C 老罐头稍做加工，就成了好看的花器。

在粗犷风格的空间里，四季变换的小花是点睛之笔

约1.8m×5.4m大小的阳台上铺着木地板，扶手一侧设置了做旧风格的木板墙，打造出温馨的小空间。

生锈的马蹄铁、有格调的皮革工具包与黄色的角堇交相辉映。

室内装饰

Fresh & Dry
杂货陈列

樱井女士的起居室里有很多陈列空间，随处可见季节性的植物盆栽和干花。

橱柜一侧的陈列架上摆放着樱井女士喜欢的杂货、干花、球根植物和自己拍摄的植物照片。

隔板上也有着小小的展示空间，摆放着手工制作的杂货和水培栽种的葡萄风信子。

装饰用的假木门让场景具有了故事性，也为盆栽植物提供了有趣的背景。

散落着手工制作的杂货，洋溢着田园风的自然花园

冈崎朋子女士

薄荷绿色的栅栏遮挡了朴素的外墙。低处栽种的植物以观叶植物为主，显得生机勃勃。

冈崎女士造园的契机是太喜欢杂货等手工制品。她在公寓一层的花园和二层的露台中都摆放了 DIY 制作的木制品和杂货，营造出慵懒舒适的氛围。

花园内的繁茂程度让人很难想象是身在公寓。地面铺着砖块，还摆放了小型的户外桌椅。公寓原有的粗糙外墙用白色或薄荷绿色的廊架、栅栏等遮挡。在此基础上，花草植物旺盛生长并攀缘其上，形成了田园牧歌般静谧美好的空间。

二层的露台上也放置了桌椅，还安装了伸缩遮阳棚，是一个与绿色植物共处的舒适空间。陈列柜和置物架上摆放着杂货和组合盆栽，犹如起居室的延伸空间。冈崎女士说："植物能够凸显手工制品所特有的温度。"意识到这一点后，她对于园艺的热情更进了一层。

在桌椅区的对面安装了拱门和带隔板的木板墙。冈崎女士计划将月季的枝条牵引其上，打造成富有野趣的空间。

在攀缘植物肆意生长的花坛中，摆着薄荷绿色的长椅。花篮里的组合盆栽和迷你月季遥相呼应，似在低语。

室内装饰

Fresh & Dry 杂货陈列

冈崎女士擅长拼贴画等手工艺品的制作。在室内的置物架和墙壁上也装饰着她手工制作的小杂货和干花。

露台上色调清爽的条纹遮阳棚遮挡了过于强烈的直射光，让露台成为起居室的延伸空间。

褪色的杂货搭配小型盆栽，摆放在木板墙的前方，构成了自然风格的小景。

露台是起居室的延伸空间

窗户造型的隔板上摆放着杂货，有一种法式的慵懒和浪漫。干花制成的花环更增添了自然的气息。

铁艺花篮搭配干燥的绣球和小野花，营造出温暖的氛围。

地栽 VS 盆栽

提升杂货陈列的审美 Technique

Container Style

Flower bed Style

精心搭配植物和杂货，一定能让花园的景色更加美丽！

“地栽”指的是把植物种在花坛等区域，“盆栽”指的是把植物种在方便移动的花盆中。种植方式不同，杂货搭配的要点和技巧也有所不同。接下来，将介绍两位杂货达人打造的模板花园并介绍其中的秘诀。

｛利用颜色的浓淡、花朵形态的差异，打造深邃的场景｝

Plants

【亮点植物】

朱蕉‘红星’

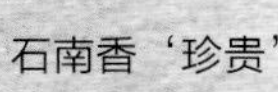

石南香‘珍贵’

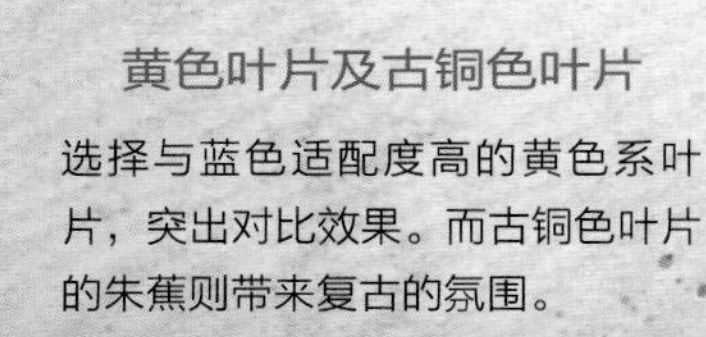

银姬小蜡

黄色叶片及古铜色叶片

选择与蓝色适配度高的黄色系叶片，突出对比效果。而古铜色叶片的朱蕉则带来复古的氛围。

Main Plants

【主要植物】

角堇

紫一叶豆

浓淡不同的蓝色或紫色花朵

选择花色为蓝色系中颜色最深的植物作为主要植物。可供选择的还有蓝冰柏、龙面花、蓝菊等。

Item

【点睛作用的杂货】

做旧的淡绿色鸟笼

外侧涂着薄荷绿色油漆的水桶

给人以轻快印象的绿色杂货

选用了水桶、鸟笼、倒在地上的花盆等薄荷绿色杂货，为场景带来清新明快的气息。

让色彩鲜艳的杂货成为焦点，打造令人印象深刻的花坛

以绿色为基调的花坛看久了会有点单调，可以试着加入颜色鲜艳的花盆或杂货。人气园艺师川本谕先生将介绍能提升时尚感的用色，以及讲究色彩搭配的地栽方式。

【提案人】

川本谕 先生
Satoshi Kawamoto

因作品的格调而得到好评的园艺师。在东京都内开设了3家杂货店，主营园艺工具、杂货和花园家具。著有多本畅销园艺书籍。

案例 1

蓝色 × 紫色 × 薄荷绿色，冷色调的浓淡组合演绎酷酷的可爱感觉

蓝色或紫色的花朵给人成熟的感觉，很有魅力，但是搭配不当的话会让人觉得有些冷酷。加入对比强烈的薄荷绿色杂货，就能营造出沉稳又惹人怜爱的感觉。另外，存在感突出的水桶不用作花盆而只是随意地摆放在花坛里，有一种不加修饰的随性氛围。选择与杂货同样颜色的柠檬黄色观叶植物，在花朵和杂货之间起到缓冲作用。

复古优雅的白色杂货
中和了暗色调的素朴感觉

棕色、紫色这类沉稳颜色的植物很适合打造复古怀旧氛围的场景。这次选用的都是沉稳风格的植物，可以一次性欣赏个够。加入了陶土、石头、铁艺等材质的怀旧风格白色杂货作为点睛之笔。斑驳或亚光的质感中和了过于质朴的感觉。把花盆半埋进植物之间，摆放在大体量的植物背后……让杂货藏身于植物之间是摆放的要点。

{波尔多红色系植物 × 古旧杂货，演绎怀旧风格}

Plants

利用同色系的浓淡差制造景深

深红色、殷红色、粉红色，将不同的红色系花朵组合在一起，用同色系的浓淡差打造立体感。

Main Plants

不过分张扬的波尔多红色与粉红色

主要植物选择了不过分张扬、颜色低调的重瓣铁筷子，搭配和波尔多红色适配度较高的粉红色花朵。

Item

白色系花盆和杂货中和了过于质朴的氛围

在颜色沉稳的花草中加入体积较大、抓人眼球的白色花盆与杂货，提升花园的整体亮度。

1824

案例 3

使用大胆的流行色彩作为背景，打造花园派对风格

如果想在简约风格或自然风格的花园里加一点改变，可以大胆使用三原色或流行色彩的杂货，营造个性十足又热闹的氛围。抓人眼球的椅子可以作为抬高花盆的花架，十分便利。在花园中布置家具或是在树与树之间挂上装饰物是只有在地栽空间才能实现的创意。颜色不要集中在一处，可以有选择地点缀在前方、中间、后方或左右两侧。

{富有个性的杂货与植物相互映衬}

Plants

【亮点植物】

兰星铺地柏

日本茵芋

雪白喜沙木

选择精致又不过分规整，具有特殊质感或形态的品种

把有亚光质感的叶片或者花朵、果实奇特的植物作为场景中的亮点，展示主人独特的个性。

Main Plants

【主要植物】

骨子菊

纸鳞托菊

紫花野芝麻‘纯银’

白色、银色系与原色杂货形成对比

为了突出彩色的杂货，在植物的选择上统一使用了白色、银色系的植物，以开放朴素小花的植物为宜。

Item

【点睛作用的杂货】

鲜艳的三原色织物令人印象深刻。

做旧的椅子搭配斑驳的浇水壶，很有观赏性。

抓人眼球的彩色杂货点缀在植物中

选用亮眼的三原色家具及特殊素材的装饰品，让场景富有个性。把杂货错落有致地摆放在各处，让整体效果更加出众。

精选花盆和杂货
打造决定性场景

门冈女士使用中古杂货作为套盆或装饰物，提供了3个搭配模板，共同的诀窍是“统一材质或者同一花色”。

这些初学者也能快速上手的小妙招将让场景氛围升级。对于容器花园来说尤为实用。

【 提案人 】

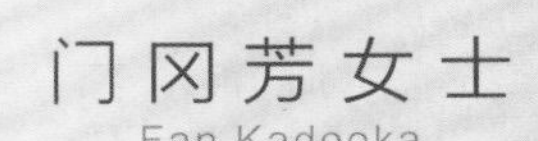

在自家开设了主营中古物件的藏品店“Tender Guddle”。
她的文章不仅刊登在园艺杂志，还刊登在室内装饰、住宅相关等杂志上，因其出众的生活品位而深受读者喜欢。自家花园也是怀旧风格的。

{ 金属材质搭配白色花朵，形成有趣的对比 }

Main Plants

【主要植物】

庭荠

香雪兰

清纯的白色花朵
营造清新秀美的氛围

端庄的兰花、清秀可人的庭荠、铁线莲‘蒙大拿’……门冈女士选择了风格各异的白花植物。

Item

【点睛作用的杂货】

植物装饰画

暖色调的杂货
给人温暖的感觉

将有着温柔笔触的植物装饰画放在后方，暖色调中和了金属杂货和白色花朵的冷色调。

Selecting Container

【精心挑选的花盆】

富有艺术性的锈铁花盆

亚光质感映衬出
白色花朵的美丽

厚重且锈迹斑斑的盆器和白花的组合让人眼前一亮。富有艺术感的设计让盆栽看起来十分优雅。

案例 1

以亚光的锈铁花盆为舞台，
娇艳、清新的白色花朵徐徐开放

纯洁的白色花朵为这个小景带来了鲜活的气息。白色很好搭配，是初学者也能驾驭的颜色。这次的重点是选择风格粗犷的铁质花盆。第一眼看去可能会觉得搭配混乱，但仔细观察就会发现锈迹斑斑的盆器和清透的白花形成强烈对比，凸显了彼此的魅力。暖色系装饰画缓和了白色与银色所带来的冷淡感。

深浅不一的绿色植物
映衬出金色摆件的美丽，
打造富有童趣的桌面小景

以老旧的木质抽屉作为盆器，种上清爽的绿色植物。同色系植物的搭配诀窍是增加差异化——选择形状和质感各不相同的植物。造型优美的罗马字母装饰物是画面的点睛之处。华丽的金色中和了其他旧杂货的破旧感。随性的搭配方式营造出轻松的氛围。

{ 绿植与木箱的自然感突出了金色摆件的特殊质感 }

Main Plants

【主要植物】

大戟

独特的质感
使其存在感十足

大戟的叶片和花朵都不大，但其独特的质感和形态让它有了主角般的存在感。亮绿色的花苞十分美丽。

Item

【点睛作用的杂货】

字母装饰物

优雅的线条
与植物相得益彰

字母或音符形状的摆件有着流畅的线条。华丽的金色是搭配的要点。

Selecting Container

【精心挑选的花盆】

木质抽屉

使用的痕迹
赋予了其温暖的质感

从古董柜子里拉出来单独使用的抽屉。选择了适宜做盆器的尺寸。

{ 白色花器、紫色花朵与铁艺装饰，营造优雅沉稳的氛围 }

Main Plants

【主要植物】

风信子

选择带球根的鲜花
体现了设计师独特的风格

横放在浅花器中的风信子带着球根，看起来就像鲜活的艺术品。

Item

【点睛作用的杂货】

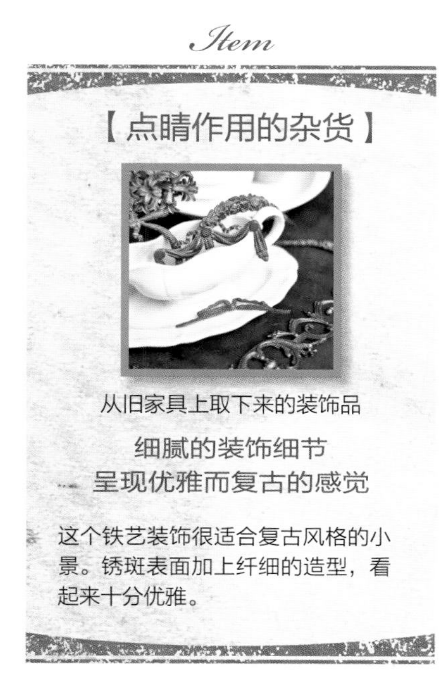

从旧家具上取下来的装饰品

细腻的装饰细节
呈现优雅而复古的感觉

这个铁艺装饰很适合复古风格的小景。锈斑表面加上纤细的造型，看起来十分优雅。

Selecting Container

【精心挑选的花盆】

白色陶瓷花盆

光泽质感的花盆
让植物看起来更加水润

使用同系列的白色花盆。瓷器特有的光泽感与植物的水润感相得益彰。

案例 3

白色餐具搭配球根植物，形成润泽秀美的桌面小景

把古典造型的陶瓷汤碗用作盆器是个巧思。门冈女士很喜欢这种造型圆润的器皿，因此，这次她尝试用大汤碗搭配水培的风信子。选择的植物是带球根的风信子，既时尚又自然。蓝紫色与白色的清新搭配之所以能有怀旧氛围，主要归功于这些从家具上拆下来的锈迹斑斑的装饰物。在细节上精益求精，能让场景的完成度更上一个台阶。

Styling idea & Beautiful Scene

学习如何选择和摆放怀旧风格的杂货

不同场景的装饰技巧

墙面、树枝下、屋檐下、放盆栽的角落、绿意盎然的花坛一角……在这些场景中添加杂货，可以打造出风格不同的小景。接下来，将介绍如何在这些常见的场景中加入时尚的杂货。

以白色墙板为背景 把杂货像首饰一样挂起来

木甲板和花园的交界处，有一面白墙。白墙前摆放着带挂钩的铁架，错落有致地挂上小物件。

把墙面当作画布 让杂货衬托植物的美丽

把房子的外墙或者栅栏用作杂货的展示空间。

活用隔板或钩子，让迷你杂货的陈列也能富有韵味。

在墙面上悬挂隔板 精心摆放大小盆栽

在视线平行的位置挂上隔板，即可作为陈列空间。隔板上挂上“S”形吊钩，悬挂着迷你杂货。

把老旧的水槽用作种花的容器

在大尺寸的水槽中种上迷迭香等香草植物，带来安定感和清新的绿意。

各式造型的器皿统一选用马口铁材质

种植着多肉植物的各式盆器有序地摆放在一起，统一的材质让整体有机地融合。白色的鸟笼让画面更加清新。

看似随意摆放的鸟笼凸显了小花的清新美丽

白色鸟笼的明亮颜色让种植在垂吊盆中的砖红蔓赛葵更加有存在感，形成令人印象深刻的墙面小景。

生锈或掉漆的家具为略显平庸的场景增添韵味

背景的旧百叶窗让蕺菜看起来更加富有生机。生锈的圆盘和洗脸盆增加了场景的氛围感。

巧用垂吊盆让墙面看起来更加热闹

姿态各异的多肉植物种在不同质感、不同造型的垂吊盆中，为墙面带来富有生机的跃动感。

装饰性的小物件让单调的植物看起来更加紧凑

匍匐型百里香在脚边生长，放上生锈的铁艺装饰物，成为场景的焦点。

Idea2

在植物茂盛生长、略显单调的角落添加一两件杂货

在绿叶植物较多的角落中看似不经意地添加一两件杂货，能让画面变得更加立体有趣。

在植物无法遮挡的地面摆上杂货作为焦点

柔软舒展的薹草与高挑、有存在感的白色铁艺杂货共同遮挡略显昏暗的地面。

用富有童趣的标牌遮挡住裸露的地面

白底的数字标牌轻巧地遮挡住叶片之间裸露的土地，同时让植物看起来更加明亮。

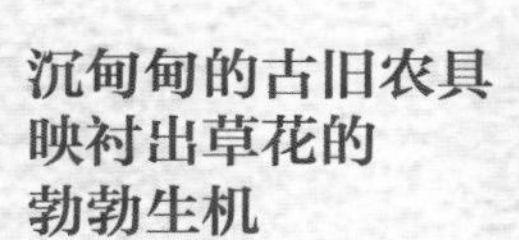

沉甸甸的古旧农具映衬出草花的勃勃生机

将旧农具当作花台，显得古朴雅致。酢浆草开出白色纤细的花朵，常春藤的叶片看起来翠绿欲滴。

放上装饰性石板让围墙变得时尚有趣

在隔板上放置厚重的装饰石板，让木香花缠绕的围墙看起来更加优雅。

Idea3

在稍显单调的树下或屋檐下
零星点缀一两件小杂货

树下或屋檐下常有多余的空间，可供杂货大显身手。摆放富有氛围感的杂货，提升花园的魅力。

各式杂货让单调的白墙
变成富有韵味的小角落

屋檐下挂着的旧漏斗，成为白墙的焦点。组合盆栽的容器风格也与之相近。

旧时的物件
给屋檐下的空间
增添了些许魅力

在立体摆放的盆栽前，悬挂着陈旧的锚状钩子，构成了这个布满时光痕迹的有趣的场景。

悬挂的铁丝网鸟笼
成为空间的焦点

在旧晾衣杆上挂着的铁丝网鸟笼里放入多肉植物盆栽，趣味盎然。

针叶树鲜艳的绿叶
让红色的鸟笼更加醒目

把白色窗框与墙面作为背景，针叶树具有雕刻美感的绿叶与红色的鸟笼形成美丽的对照。

锈迹斑斑的厨具
映衬出绿叶的清新

银粉金合欢的垂枝上挂着沉甸甸的厨具，让随风摇摆的枝条看起来更加温柔。

洗手盆附近
零星的蓝色映衬着
多肉植物的绿叶

马赛克瓷砖和洗手盆的蓝色突出了多肉植物叶色的魅力，让组合盆栽更具有观赏性。

Idea4

精选杂货
打造和谐统一的盆栽区

一盆植物看起来太单调，太多植物又会显得杂乱。在盆栽区摆放杂货，不仅可凸显盆栽的魅力，也能让整体景致和谐统一。

木筐中摆放着
大小不一的盆栽

把大小不一的盆栽放进装苹果的木筐内，让盆栽区域看起来更加整洁。

把置物架当作花架，提升盆栽的存在感

在高矮不同的置物架上，错落有致地摆放着盆栽。选择造型和颜色各不相同的花盆，让画面更丰富。

大尺寸的水盆
成为视觉焦点

在灰蓝色的大水盆中种上植物，放置在锈迹斑驳的花架上以增加高度，巧妙地填充了树下的空间。

上层的花盆与下层的浇水壶
颜色相同，相互辉映

银灰色花盆的斜下方，摆放着相同颜色的浇水壶。配色之间形成绝妙的平衡，给人以沉稳的感觉。

小空间也能通过杂货摆设提升氛围

在放着花盆的木框旁立着老旧的门扉

窗户下的这个小空间里摆放着陈旧的红色门扉，让盆栽的合果芋看起来分外鲜艳。

在收纳花盆的铁丝筐内添上趣味十足的金属铭牌

把多余的花盆收纳进铁丝筐内，再放入一张旧物风格的铭牌，提升整体美感。

倒挂的绣球花旁随意挂着古朴的画框

悬挂着的绣球花，把花园的气息带到室内。古色古香的画框让花朵的色彩更加出众。

将莫兰迪色系的陶盆叠放起来

刷上低调色彩的油漆，做旧加工过的迷你花盆成了画面中的亮点。

鞋子形状的花器让空间变得有趣

把小小的多肉植物种在铁丝编织的鞋子状花器里，趣味十足。从铁丝网中透出来的淡绿色苔藓带来清新的气息。

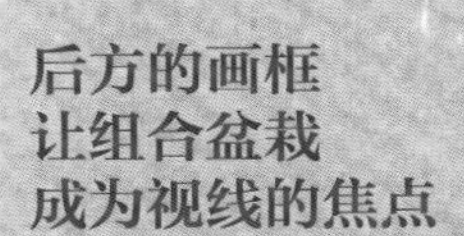

后方的画框让组合盆栽成为视线的焦点

色彩鲜艳的多肉植物构成了这个小小的组合盆栽。摆放在古典造型的画框前，成为视线的焦点。

◀装饰用的方铲

锈迹斑斑的灰蓝色方铲，存在感十足。可以靠在墙上作为装饰，也可以将攀缘植物牵引到长柄上。

铁艺花架▶

弯曲的支脚搭配圆形与方形的托盘组合成这个独特的花架。斑驳的白色漆面让花架看起来更有韵味。

▲木制收纳箱

大地色系的收纳箱能很好地融入花园的氛围。带把手和分格，适合收纳长条形的花园工具。

▲成对的烛台

烛台自带的弯曲挂钩就像花草的枝条。可以把摘下来的花草插在烛台里。

◀糖瓶

简洁的细长造型与有光泽感的银色让这个瓶子看起来很有特色。也可以把盖子拿掉，在瓶中种上小型草花植物。

◀木制轨道

列车轨道的一部分。可以像木梯一样靠墙摆放，植物攀爬在上面也会很美。

▲缝纫机

鲜艳的蓝色漆面让这台古旧的缝纫机充满魅力。可以作为装饰品摆放在花园里的架子或桌子上，成为花园的焦点。

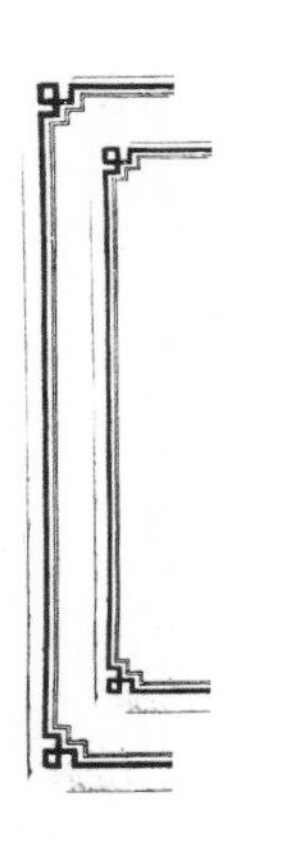

三种不同风格

提升花园品味的杂货

富有个性的旧物件或杂货可以给花园带来丰富的变化，提升花园的格调。接下来，我们将介绍三种不同风格的杂货，一起来看看你的花园适合哪种风格的杂货吧！

▲木凳

表面绘制着花纹的木凳。原木的质感为花园带来自然的气息。也可以作为花架。

▲玻璃瓶与木瓶的组合

因时间沉淀而变得暗淡的木塞玻璃瓶搭配土黄色的木瓶。将两个瓶子摆放在一起可以欣赏到不同质感的美。

▲3种尺寸的量杯

大、中、小3种尺寸的量杯摆在一起，看起来十分可爱。也可以分别在里面插上一朵短枝的花。

►饼干盒

黑色底漆上画着鲜艳繁复的花草。将黑色物品置于绿色植物中能让空间看起来更加紧凑。

▲方铲形置物架

将用于售卖粉类食品的方铲改造而成的置物架。可以把花盆放入其中，看起来十分有趣。

▲花盆

古典造型的蓝绿色花盆将成为花园中的焦点，让花草看起来更加鲜艳。不过这个花盆底部没有开孔，可作为套盆使用。

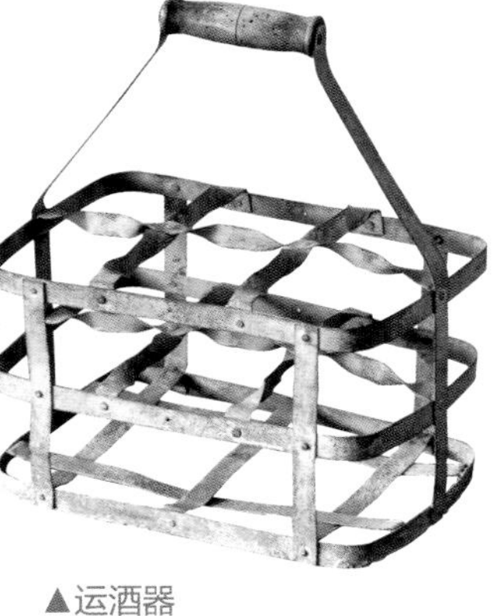

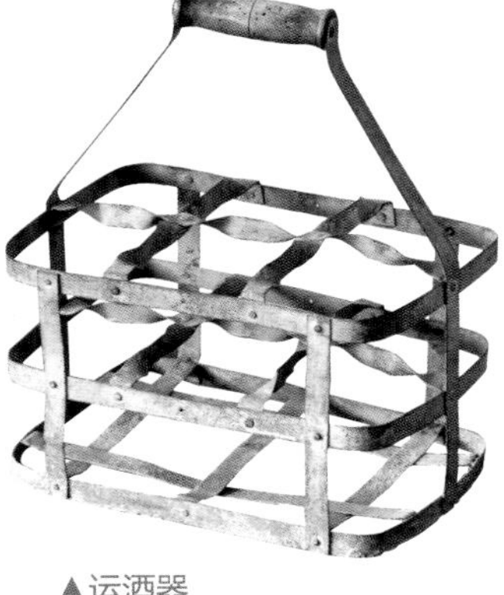

▲运酒器

沉稳的银灰色调令人印象深刻。可以搭配各种颜色的花草，也能作为小工具的收纳箱。

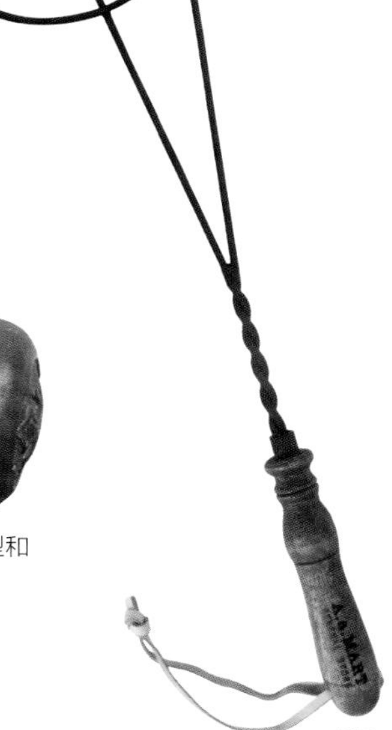

▼被褥拍

令人怀念的被褥拍，是旧时欧洲家庭常备的物件。可以作为装饰品放在花园里，个性十足。

◄铁制锅垫

中间处四叶草造型的纤细花纹十分美观。可以放在花盆底下，也可以作为装饰品摆放在花园中。

▲门把手

看上去沉甸甸的门把手。有趣的造型和厚重的颜色形成对比。

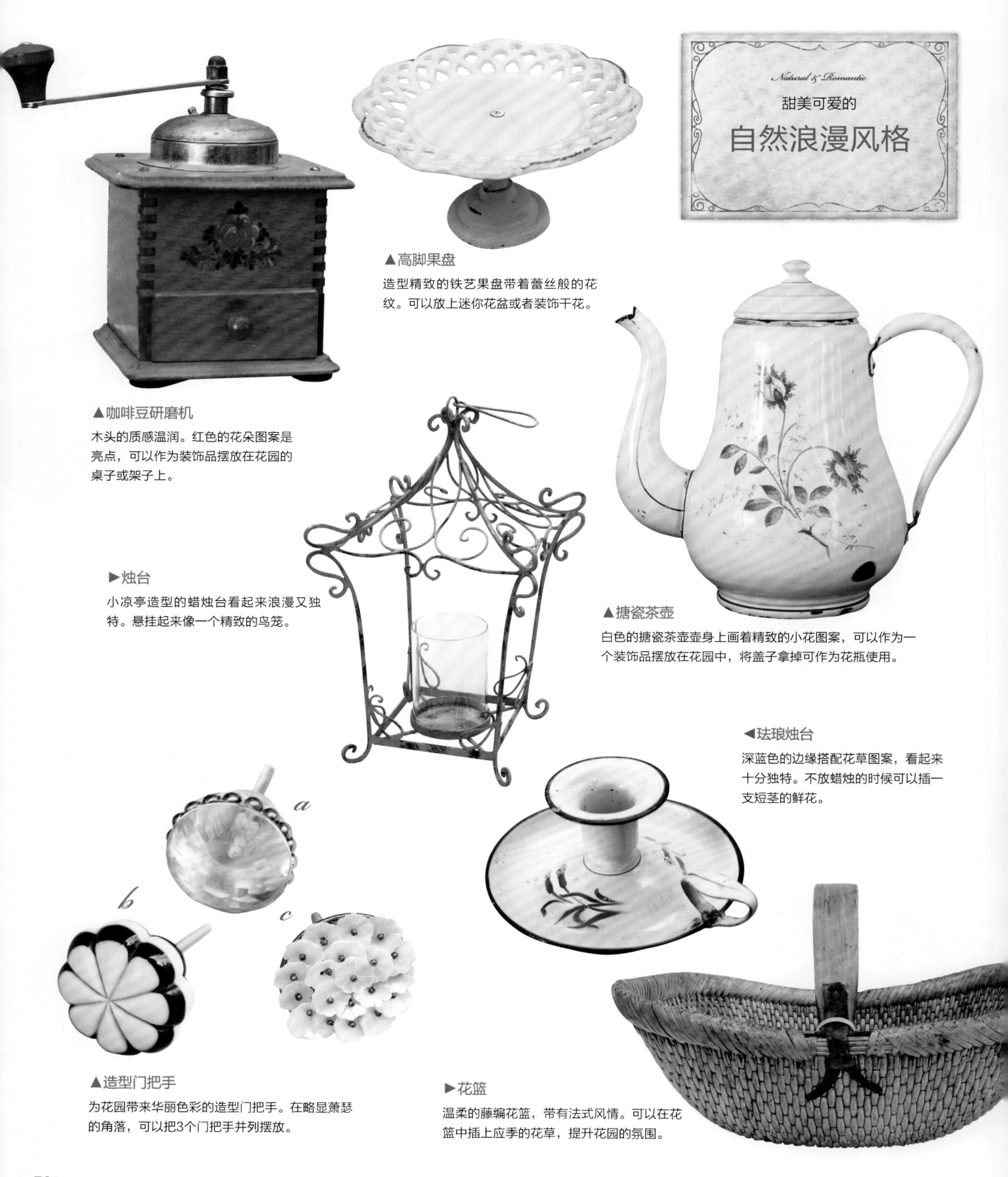

Natural & Romantic

甜美可爱的

自然浪漫风格

▲高脚果盘

造型精致的铁艺果盘带着蕾丝般的花纹。可以放上迷你花盆或者装饰干花。

▲咖啡豆研磨机

木头的质感温润。红色的花朵图案是亮点，可以作为装饰品摆放在花园的桌子或架子上。

►烛台

小凉亭造型的蜡烛台看起来浪漫又独特。悬挂起来像一个精致的鸟笼。

▲搪瓷茶壶

白色的搪瓷茶壶壶身上画着精致的小花图案，可以作为一个装饰品摆放在花园中，将盖子拿掉可作为花瓶使用。

◄珐琅烛台

深蓝色的边缘搭配花草图案，看起来十分独特。不放蜡烛的时候可以插一支短茎的鲜花。

a

b

c

▲造型门把手

为花园带来华丽色彩的造型门把手。在略显萧瑟的角落，可以把3个门把手并列摆放。

►花篮

温柔的藤编花篮，带有法式风情。可以在花篮中插上应季的花草，提升花园的氛围。

▲苏西·库珀出品的盘子

蓝绿色的边缘搭配粉色系的花朵图案，令人眼前一亮。可以在旁边摆放绿色植物或者纤细的草花植物。

◀烛台

灰白色的鸟笼式蜡烛台上装饰着玫瑰造型。可以搭配颜色鲜艳的花草。

▶鸟笼

圆润的造型和顶端的装饰是这个鸟笼的特点。上半部分可以打开并放入花盆。

◀儿童餐椅

比利时制造的木质餐椅，表面的油漆有些斑驳脱落，有岁月流经的印记。可作为花架或者装饰品摆放在花园里。

◀3种尺寸的木制托盘套装

侧面的精致花边是用薄铁板制成的。可以收纳花园中的小工具，或者叠放起来作为装饰。

▶羽毛造型的装饰品

木制的羽毛型装饰品上描着金色的线条，为花园空间带来浪漫优雅的氛围。

▲玻璃药瓶

贴着英文标签的玻璃药瓶。可以并排摆放作为装饰，也可以作为花瓶使用。

▲装饰瓷砖

画着百合和玉兰花图案的瓷砖。素雅的白色很适合搭配绿色植物或者沉稳色调的花朵。

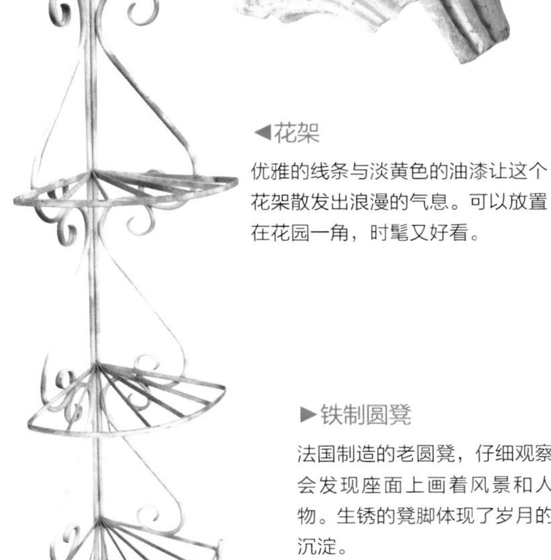

◀花架

优雅的线条与淡黄色的油漆让这个花架散发出浪漫的气息。可以放置在花园一角，时髦又好看。

▶铁制圆凳

法国制造的老圆凳，仔细观察会发现座面上画着风景和人物。生锈的凳脚体现了岁月的沉淀。

◀迷你手风琴

通宝（TOMBO）公司生产的手风琴。造型小巧，色彩复古，可作为花园中的亮点。

▲雉科鸟摆件

造型独特的雉科鸟摆件。背上的羽毛可以拆下来，当作花器。

▲书立

有着美丽木纹的书立。用途多样，可以并排放入3个花盆或者放在架子上作为隔断。

▲玻璃小盘子

有着金色边缘的小型茶碟。精致的纹路令其在阳光下闪闪发光。

▲马蹄铁

马蹄铁在西方被视为幸运物。放在花园里像一件独特的艺术品。

▼大板车的车轮

大板车是一种用人力拉动的运送货物的车。把木质的大车轮放在花园一角，营造怀旧风情。

◀立式化妆镜

有着金属质感的底座和绿色的花朵纹路，像是儿时幻想的公主用的镜子，浪漫又美好。

▶踏脚凳

沉稳的木头色彩让这个踏脚凳能融入各式风格的花园。内有收纳空间，可以放入小东西或者作为花架使用。

▲木质鸟笼

日式风格的鸟笼能很好地融入枝繁叶茂的花园。方正的造型与红色底座令人印象深刻，演绎日式空间风格。

◀玻璃瓶套装

两个酒瓶的尺寸和颜色有微妙的不同，让人仿佛置身于昭和时期的小酒馆。可以并排摆放或者作为花瓶使用。

▲铜锅

这个带把手的铜锅表面有着常年使用的痕迹。可以像花篮一样装满鲜花。

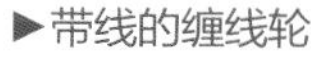

▶带线的缠线轮

木质缠线轮孤品。怀旧的红棕色可与绿色的植物形成强烈的反差。可以与大尺寸的缠线轮一起摆放。

▲缠线轮

漆面斑驳的大尺寸木制缠线轮。可以竖起来摆放或者平放在花园，为花园增添色彩。

▼铁艺洗脸台与珐琅洗脸盆

铁艺洗脸台与珐琅洗脸盆淡蓝色的珐琅质感十分美丽。洗脸台有一定高度，可以搭配株型较高的植物。

▲壁挂时钟

这个老旧的时钟有着美丽的黄色钟盘。时钟已经修复好了，可以正常使用。

▲牛皮行李箱

经年使用造成的刮痕为这个旧行李箱增添了魅力，可以用来收纳花园工具。

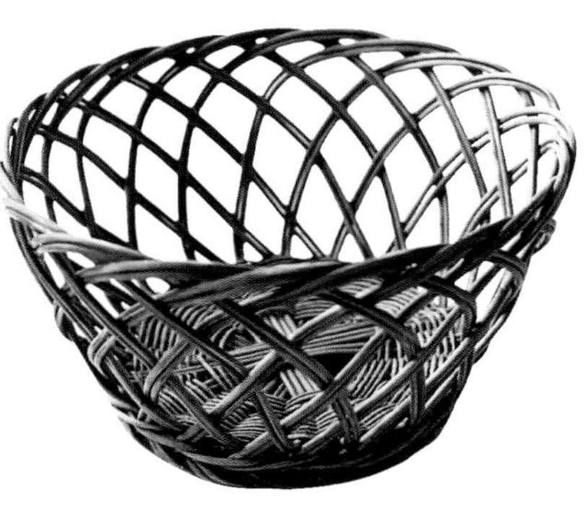

◀藤编衣篮

乡间温泉旅馆常有的脏衣篮。用处很多，可以用作套盆，也可以用来收纳花园工具。

挖掘多肉植物更丰富的可能性

形态、颜色各式各样的多肉植物拥有无限的搭配可能性。

我们将探访几座设计感十足的花园，挖掘多肉植物的魅力。

秋季变色的多肉植物也值得关注。

在多肉植物和观叶植物共同营造的花园，欣赏四季变化的色彩

伊藤由夏女士

种植着各种多肉植物的花园。把 DIY 制作的架子刷上白色系油漆，让空间更加明亮，更容易观察到多肉植物的微妙变化。

长椅旁的花坛里，在高盆中种植的多肉植物组合盆栽藏在后侧。圆润的多肉植物与草花搭配，组成了这个美丽的花坛。

伊藤女士在一楼的私有空间内打造了这个以观叶植物为主的花园。花园被浓淡相间的绿色围绕，舒适且充满生机，让人很难想象这是一个只有45㎡的空间。

伊藤女士是一位室内设计师，出于对多肉植物的喜爱，她从3年前开始担任多肉植物设计课程的讲师。在伊藤女士的花园里可以充分欣赏多肉植物的魅力。小器皿中种植的多肉植物、古旧的杂货、DIY 加工过的花盆一起被精心地陈列在花园里，如同室内设计空间的延展。高挑的大花盆里种的多肉植物则和地栽的草花摆放在一起，组合成郁郁葱葱的花坛。

“这个花园中最值得品味的是四季的变化，”伊藤女士说，“萌芽、繁茂、变成红叶……我至今还会被一年之中的景色变化所震撼。多肉植物的红叶也是很有韵味的。”多肉植物颇具特点的造型美让这个自然风花园所呈现的四季美景又多了一些新奇的感觉。

A 绿中带蓝的千里光属‘蓝月亮’、拟石莲属‘霜之朝’在组合盆栽中绽放异彩。天竺葵的红色花朵是画面中的亮点。B DIY 加工过的素烧陶盆，刷上各种颜色的油漆，再利用画笔等工具进行做旧处理。

C 把马口铁杯子当作盆器，打造多肉植物组合盆栽。景天属‘龙血锦’的深色叶片搭配景天属‘春萌’等亮色系的多肉植物，让画面富有变化。D大棵的千里光属‘翡翠珠’从树上垂下来，存在感十足。E在蓝色的珐琅盆中种植了以长生草为主的多肉组合盆栽，可以当作室内装饰品一样摆放。

D

E

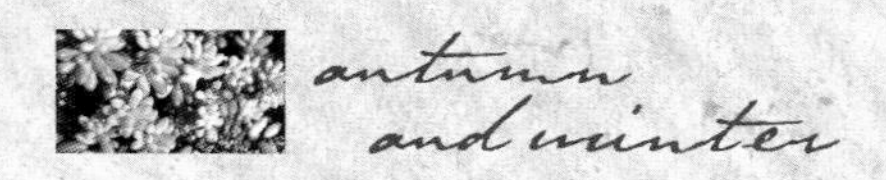

花园的秋冬季风景

从秋季到冬季
组合盆栽里的植物渐渐变红

秋季，气温开始下降，花园里的多肉植物开始变色。伊藤女士很喜欢观察它们从淡粉色到赤红色的变化。

叶色变化不明显的品种
搭配能变色成深红色品种

景天属‘乙女心’等部分变色的多肉植物组成的组合盆栽，搭配拟石莲属‘花筏’等秋季叶片变为深红色的品种，赋予画面更多层次感。

绿色与红色的对比
构成了微妙的复古色调

铁艺量杯里种着迷你组合盆栽。‘火祭’的叶片已经完全变红。景天属‘虹之玉锦’才刚刚开始变色，最后也将变成赤红色。

使用特殊造型的花盆
种植了多种色彩的多肉植物

搭配复古的做旧花器，选取了青琐龙属等几个叶色会显著变红的品种，打造了一个色彩丰富的多肉植物组合盆栽。逐渐变红的拟石莲属‘大和锦’带来了微妙的色彩过渡。

需要了解的多肉植物组合盆栽的基本知识

多肉植物品种丰富，易于养护。多肉植物组合盆栽制作也十分简单，只要掌握以下几个要点，新手也能轻松完成。选择秋季会变色的多肉植物品种，一起来尝试制作多肉植物组合盆栽吧！

关于工具

需要的两种工具

镊子和迷你铲子。迷你铲子用于把土填入花盆。镊子的用法如图所示，用于平整土壤或整理植株。

关于土壤

只要有通用培养土和赤玉土就行

如果没有多肉植物专用培养土，可以把通用培养土和小颗粒赤玉土按1：1的比例混合在一起，通用培养土的保水性平衡了赤玉土的排水性，就能用来种植多肉植物了。

种植顺序

掌握要点就能事半功倍

1. 取出小苗，整理根系

把根系上的土壤清理干净。这是为了减小根系的体积，便于打造更紧凑的组合盆栽。

2. 在花盆底部放入轻石，再填入土壤

花盆底部的1/3用轻石填满（如加入木炭，效果更好），再加土到花盆七分满。

3. 种入小苗

从花盆边缘开始种植小苗，同时逐渐填入土壤。种植完所有小苗后压实土壤，让根系和土壤紧密接触。

1

取出小苗后将根系的土壤清理干净。根部体积变小后，可以把多肉紧密地种植在一起。

2

在轻石中加入木炭，以减少根部腐烂的概率。

3

种植小苗的同时按压土壤，再继续种植下一株植物。

Classical

色彩低调的花盆搭配
有光泽感的叶片营造古典氛围

这个盆栽选择的多为玫瑰花型的多肉品种，组合成手捧花造型，给人优雅大方的印象。大小不一的多肉植物组合在一起，看起来张弛有度。品种选择以青绿色与灰色为主色调，而叶色变红的长生草与黄花新月则是点睛之笔。上漆后的花盆有着磨砂质感，把多肉植物映衬得更加水润。

1. 风车石莲属‘银星’
2. 拟石莲属‘阿尔弗雷德·格拉夫’
3. 景天石莲属‘蓝色天使’
4. 拟石莲属‘紫牡丹’
5. 拟石莲属‘露娜莲’
6. 长生草属
7. 景天石莲属‘柳叶莲华’
8. 风车石莲属‘白牡丹’
9. 拟石莲属‘野玫瑰之精’
10. 黄花新月

● 叶色变红的多肉植物

充分利用多肉植物奔放的形态
打造自然且富有怀旧感的微型花园

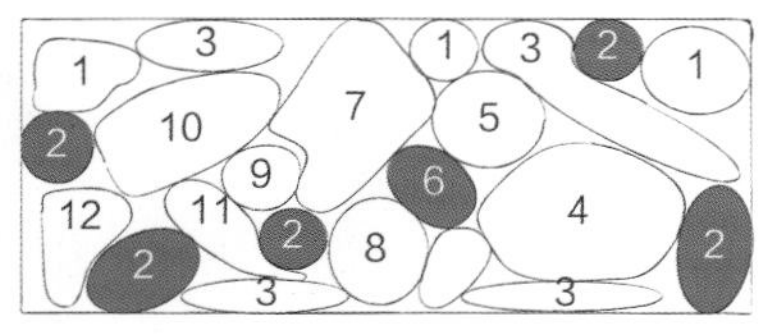

叶色变红的多肉植物

1. 金叶景天
2. 景天属‘虹之玉’
3. 翡翠珠
4. 拟石莲花属‘子持白莲’
5. 拟石莲属‘碧桃’
6. 青锁龙属‘红叶祭’
7. 景天属‘小美女’
8. 拟石莲属‘大和美尼’
9. 景天石莲属‘蓝色天使’
10. 景天属‘春萌’
11. 金叶苔景天
12. 景天属

这个组合盆栽以“山野中原生的多肉植物”为创作灵感。在生机勃勃的绿叶中，‘红叶祭’和‘虹之玉’的红叶看起来十分鲜艳，对比色的运用让人眼前一亮。侧面的水苔和垂下来的翡翠珠枝条增加了自然的氛围。叶片细小的景天属多肉植物填补在空隙处，很好地连接了大叶片的多肉植物。

奇特的造型惹人怜爱
散发野趣的怀旧风格盆栽

1. 伽蓝菜属‘黑兔’
2. 风车草属‘姬胧月’
3. 条纹十二卷
4. 景天属‘珊瑚珠’
5. 青锁龙属‘乙姬’
6. 景天属‘黄丽’

● 叶色变红的多肉植物

这个盆栽作品中选择了外形独特的多肉植物品种，远看像是一件艺术品。风车草属‘姬胧月’伸出的枝条像龙一样盘旋，条纹十二卷的形态和花纹也十分特别。景天属‘黄丽’和‘珊瑚珠’已经染上红色或黄色，整体以秋季色调为主。生锈的旧罐头为这些可爱的植物增添了韵味。

按色调选择品种：多肉植物图鉴

带白粉的品种

White

带白粉的绿色或紫色多肉植物在组合盆栽或能凸显白色的存在感，让场景显得错落有致。

风车草属‘胧月’
景天科
淡绿色的叶片上带有白粉，有时会变为红色。耐寒能力较强，春季开出白色的小花。

厚叶草属‘月美人’
景天科
带白粉的淡绿色卵形叶片的尖端是粉红色的。春季开粉红色的小花。

伽蓝菜属‘白银之舞’
景天科
银灰色的扁平叶片上带有白粉。天气变冷后，叶片会染上红色，花朵是粉红色的。

绿叶很美的品种

Green

同样是绿叶品种，叶色也会有些许差别，有的是带蓝色的绿色，有的是黄绿色。色调的微妙差异带来截然不同的观感。

景天属‘白厚叶弁庆’
景天科
带白粉的青色叶片像豆子一样，很是可爱。春季开出五角星形的白色花朵。

厚叶草属‘千代田之松’
景天科
短茎上密集生长着2～4cm长的灰绿色叶子，有时叶尖会变红。春季开出橘色的花朵，秋天叶片会变红。

青锁龙属‘雪绒’
景天科
绿色叶片上覆盖着茸毛，秋季开出小花，冬季叶片变成深红色。特征是匍匐生长。

拟石莲属‘碧桃’
景天科
直立生长的类型，淡绿色的圆润叶片给人清爽的感觉，秋季叶片变红。

青锁龙属‘翠星’
景天科
短茎上交互生长着三角形、厚质的叶片。各品种的颜色有细微区别，有的是蓝绿色，有的是黄绿色。

褐斑伽蓝‘巨兔’
景天科
叶片被细小的茸毛覆盖，犹如兔子的耳朵。和‘月兔耳’相比，这个品种的叶片更大，肉质更厚。

玉露
阿福花科
叶片像果冻一样清透、水润，十分受欢迎。适合栽种在通风良好的室内或半遮阴处。

这些深受大家喜爱的多肉植物，魅力不只在于独特的造型，也在于微妙的色调。选择合适的色调也是打造令人印象深刻景观的重点。接下来将介绍各种色调的品种。

带紫色的品种

Purple

带有紫色或深褐色的品种看起来十分独特，适合营造成熟优雅的氛围。深色调还能让画面看起来更加紧凑。

伽蓝菜属‘锦蝶’

景天科

造型奇特，在叶片尖端生长着小芽。带少许白粉的绿色叶片上有紫黑色的斑纹。春季开出红色小花。

伽蓝菜属‘魅惑彩虹’

景天科

叶片上有斑马纹般的紫色斑纹，造型独特。春天长出细长的花茎，花朵看起来像吊钟。

拟石莲属‘紫珍珠’

景天科

带白粉的紫色叶片像花瓣一样聚拢，株型较大。夏季至秋季开出橙色花朵。

厚叶草属‘紫丽殿’

景天科

特征是叶片狭长、末端尖细，紫色叶片上覆盖着白粉。耐寒性强，气温降低时紫色会更加明显。

青锁龙属‘乙姬’

景天科

叶片里侧带有紫色，夏天会开出大量粉红色小花。株型矮小、横向生长，耐寒性强，习性强健。

景天属‘龙血锦’

景天科

古铜色叶片横向生长，适合作为铺地植物。花朵是鲜艳的粉红色。耐寒性强。

莲花掌属‘黑法师’

景天科

细长枝干的顶端生长着黑色、有光泽的放射状叶片。株型较高，可生长至1m 左右。

带黄色的品种

Yellow

带黄色的品种能够带来明亮的色彩，适合作为组合盆栽的焦点。

景天属‘黄丽’

景天科

黄色叶片的代表品种，叶片紧凑。秋季降温时叶片会变为橙黄色。较为耐寒。

青锁龙属‘火祭’

景天科

淡绿色叶片的末端尖细。秋季降温时会变成艳丽的红叶，同时开出白色的小花。

景天属‘铭月’

景天科

秋季，原先黄绿的叶片会变为黄色或橙色。生长后期茎干木质化，高度达30cm。

用独特的多肉植物为古宅增添色彩，呈现韵味悠长的和风意趣

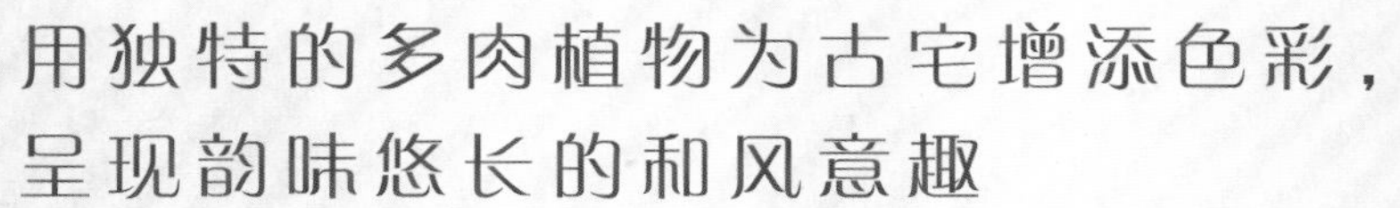

迷宫般的小巷的一端，有一间清冷的古民居。这间古色古香的瓦片屋顶的古民居有着50年历史，主营多肉植物与杂货的画廊式藏品店“Heart Olive”就开设于此。进入玄关的小路犹如巷子的延伸，两旁种植着各式多肉植物，有一种难以用言语形容的风情。这条小路之前已用水泥硬化，现在铺着枕木，两侧的花坛用细沙覆盖。边缘处摆着朴素的砖红色火山石，显得野趣十足。花坛里摆放着多肉植物盆栽，还地栽了习性强健的草花植物。充分展示多肉植物魅力的同时，这条小路还保留着原本的古朴韵味。

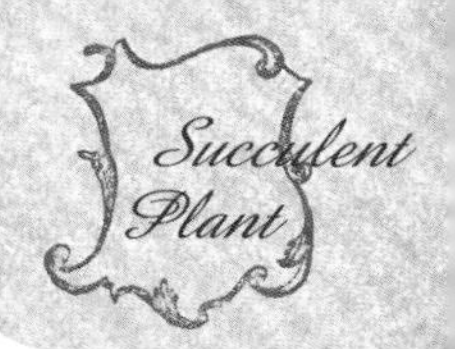

A 大棵的莲花掌属‘黑法师’，使用旧茶釜作为套盆。其雕塑般的造型令人印象深刻。B日式窗沿下悬挂着沉木。沉木上挂着青锁龙属‘火祭’和景天属‘虹之玉’的盆栽。黑色的水壶是点睛之笔。C存在感十足的绍兴酒瓮上缠绕着黄花新月，犹如一件艺术品。

在古民居的屋檐下，
日式杂货与多肉植物搭配，
令人赏心悦目

D 枕木缝隙处种植着金叶景天等多肉植物。景天属里面也有适合覆盖地面的品种。E准备叶插的拟石莲属和景天属叶片，看起来很可爱。叶片一端已经冒出小芽。F在粗犷的岩石边地栽着以景天属为主的多肉植物。认真照料的话，地栽的多肉植物也能生长旺盛。

可以当作范本的时尚店铺

花园探访 & 植物搭配

在这些时尚而舒适的店铺里，最不可缺少的就是丰盈的绿色植物。

饭店、咖啡店、画廊、杂货店……

我们探访了这些有着美丽花园的店铺，学习搭配的要点。

被优美景色围绕的咖啡店户外座位，宁静、梦幻的空间让人着迷。

家庭咖啡馆
café la famille

在“家庭咖啡馆”里，时间仿佛静止了一般，处处弥漫着宁静悠闲的氛围。店主奥泽夫妇以早年探访过的法国北部布列塔尼地区的田园风景为蓝本，打造了店内的花园。丰茂的绿色植物和朴素的白色建筑物融为一体，洋溢着野趣十足的自然氛围。

园中植物以高大的树木和香草等观叶植物为主。装点墙壁和拱门的白色攀缘月季、小路两侧开着素朴小花的山野草和宿根植物为花园带来低调的自然野趣。以随性摆放的旧农具为中心打造了许多韵味十足的小景，让花园有了田园牧歌般的风情。

丰盈的绿色植物与建筑物融为一体

Ⅰ 存在感十足的木香花与攀缘月季的拱门。春天，拱门上的花朵比其他月季更早盛开，为花园带来华丽的色彩。

Ⅱ 咖啡店隔壁的杂货店入口。小路上铺设的旧枕木和两旁的绿植相融合，看起来十分自然。

Ⅲ 位于咖啡店入口附近的花园。高达屋檐的夏紫茎与油橄榄的枝条带来了舒适的绿荫。

Ⅳ 花园内场地空旷，可以摆放板车、农具等大型旧物，给人以闲适的感觉。

Ⅰ

Ⅱ

Ⅲ

Ⅳ

One Question & One Answer

Q1. 花园的利用程度如何?

A. 我们在花园中开垦土地、种植蔬菜，作为宠物饲养的短腿长尾鸡也放养在花园里。

Q2. 为什么在店铺内打造花园?

A. 为了还原理想中的法国北部的风景，花园是必不可少的存在。

Q3. 花园里有哪些推荐的观景点?

A. 气候合适的时候，我会推荐户外座位。四周被绿色植物环绕，非常舒服。

Q4. 如何打造令人印象深刻的场景?

A. 我利用了各种旧工具作为场景的焦点。比如把旧农具作为花架，增加高低差，让场景的层次感更加丰富。

把褐色主屋外墙的一部分刷成红色和绿色，凸显植物的魅力。

旧时光杂货店
SHABBY DAYS

主营日式旧道具和古布的杂货店“旧时光”内，有一座个性十足的花园。店主竹内收集了太多杂货，无法全部摆放在室内，于是把部分杂货移到花园中，构成了花园最初的基调。兴趣使然，店主陆续把旧推车或其他旧物改造为花台。就这样，这座让造访客人惊喜连连的杂货花园诞生了。

花园的主体色调是“红色 × 绿色”。除了把外墙的一部分刷成这两种颜色，园内的杂货也随处可见这两种颜色，显得和谐统一。

One Question & One Answer

Q1. 为什么在店铺内打造花园?

A. 一开始只是在花园里摆放杂货。花园逐渐变得像玩具宝箱一样有趣，我也乐在其中。

Q2. 花园的利用程度如何?

A. 我喜欢在园内空地上 DIY 制作置物架或其他构造物，成品用于装饰墙面。

Q3. 如何打造令人印象深刻的场景?

A. 有意识地增减色彩，让景色变得错落有致。比如给窗户外沿刷上油漆，凸显线条，使其成为场景的焦点。

Q4. 花园里有哪些推荐的观景点?

A. 从店内的窗户往外看到的绿意盎然的花园。被杂货围绕的窗户像一个可爱的画框。

Ⅰ 把农用的旧推车当作花架，将矮牵牛的盆栽放在其中。后方的红色旧木板是亮点。

Ⅱ 常春藤缠绕在窗台上，构成了自然而令人印象深刻的场景。

麻雀咖啡屋

Café et Galerie oineau

咖啡馆“麻雀咖啡屋”的绿色花园中种植着叶形各不相同的树木和低矮草花，为窗边和木质平台带来了凉爽的树影。咖啡馆让人联想到欧洲小巷子里的朴素小店，与之相邻的花园也有着同样静谧的氛围。

咖啡馆和花园之间搭设了木制平台和藤架，如同室内空间的延伸，可供顾客休憩。园中的构造物大多是乳白色的，为树木带来清爽的背景。在花草之间还点缀着古董杂货。在园中既可以感受到植物的芬芳，又能享受悠闲的花园时光。

木质平台四周围绕着葱茏的绿叶植物。花架下悬挂着的秋千换成了古董长椅。

恰到好处的树影覆盖着木质平台
为花园时光带来了更舒适的体验

Ⅰ 站在秋千处看到的咖啡馆的木平台。素馨叶白英缠绕在花架上，带来自然的气息。

Ⅱ 古董杂货旁装饰着一大一小两束干花。背面的镜子上映着园中的绿色植物，十分美丽。

Ⅲ 柔和的光线从窗户外透进来，无论是坐在木质平台上的座位还是店内的任意位置，都能欣赏到美丽的花园。

One Question & One Answer

Q1. 如何打造令人印象深刻的场景?

A. 园中的植物品种并不多，主要种植了叶形、叶色各不相同的绿叶植物，希望能呈现出丰富而立体的景色。

Q2. 花园里有哪些推荐的观景点?

A. 从咖啡馆往外看到的景色是很美的。从一楼的画廊往门外看，也能欣赏到美景。老旧的建筑与园中的植物已经成为一个整体。

Q3. 为什么在店铺内打造花园?

A. 我一直很喜欢在植物的围绕中吃饭或者喝茶。相比于单调的空间，花园中的绿色植物更能映衬出画廊中所展示的作品的魅力。

Q4. 花园的利用程度如何?

A. 除了供客人喝咖啡时休息放松，在休息日，我也会坐在林荫下的平台上，和我的狗狗、猫咪一起玩耍，或者一边喝咖啡一边看书。

时装梦

Reve Couture

Ⅰ 地面用欧式石板铺装。质感出众的石板为优雅风格的室内空间增色不少。

Ⅱ 玻璃罩内的小森林是吉村制作的，色调和谐，犹如一件标本作品。

Ⅲ 从房顶垂吊下来的网兜里装着干燥的水仙花和圣诞玫瑰，充分利用了立体空间。

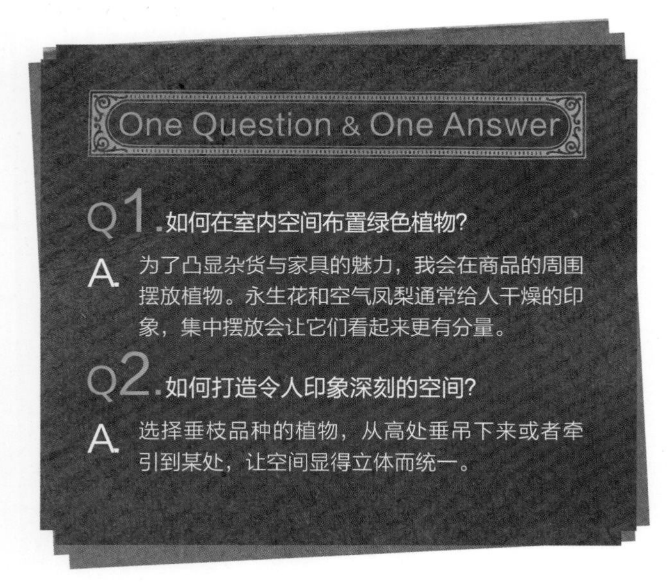

One Question & One Answer

Q1. 如何在室内空间布置绿色植物?

A. 为了凸显杂货与家具的魅力，我会在商品的周围摆放植物。永生花和空气凤梨通常给人干燥的印象，集中摆放会让它们看起来更有分量。

Q2. 如何打造令人印象深刻的空间?

A. 选择垂枝品种的植物，从高处垂吊下来或者牵引到某处，让空间显得立体而统一。

复古风格的白色空间里
点缀着古铜色和绿色的杂货，
打造成熟优雅的室内空间

在幽静的住宅区内有一家主营古董杂货和植物的小店“时装梦”。店内摆满了有趣的杂货和家具，垂吊着的空气凤梨和观叶植物带来了活力的气息。店铺内随处可见店主——空间设计师吉村先生的表现力，让来访之人纷纷惊叹。店主还擅长制作微景观，店内的苔藓永生花等作品十分美丽，让空间更为出彩。

Ⅰ 窗边挂着从后山或者自家花坛采摘来的香草。清爽的香草气味萦绕在一楼的杂货售卖区。

Ⅱ 店主兼主厨，其美味的料理和真挚的待客态度让顾客们宾至如归。

Ⅲ 老物件和绿植交织的店内布局给人以怀旧的感觉。店门口种植着各种香草植物。

由70年前建造的古民居改造而成的店铺，装饰着大量绿植与复古色调的干花

One Question & One Answer

Q1.为什么在店铺内打造花园?

A. 其实不能称之为花园，只是店门口的花坛。邻居家的花园和镰仓的自然景色成了最佳背景，从店内往外看很美。

Q2.花园的利用程度如何?

A. 最大程度地利用。欣赏完鲜花后，采摘进来制作成干花，像杂货一样继续装点室内空间。

Q3.如何打造令人印象深刻的场景?

A. 比起整个店铺都布满杂货，只着重于一个小景，摆放多种杂货并形成一定的体量，更能让人印象深刻。

老房子杂货店

la maison ancienne

被镰仓的群山包围着的咖啡馆兼杂货店“老房子”，内部不仅保留了日本古民居的特色，还加入了法国、英国等欧洲国家的家具和杂货，让来访的顾客忘记都市的喧嚣。

与中古杂货十分搭配的干花提升了店内的氛围。把店门口种植的香草和绣球做成干花，搭配家具和老物件，像杂货一样摆放，打造出意趣深远的景色。

塔形支架能很好地与植物搭配，
把喜欢的小物件挂在顶端作为装饰

用龟甲铁丝网围住支架，有利于攀缘植物的生长。顶端装饰用的是插单支切花的蓝色玻璃花瓶。装饰物可以随着每个季节所开花朵的颜色而变化。

废物再利用
制作大小两款画框

把废旧的木条裁成45度角再拼接成美丽的画框，可以清楚看到旧木材的纹路。尺寸较大的那一款用龟甲铁网覆盖。

星野春树 先生

“Cohako”的店主，提供装修设计、施工、家具制作等服务。作为设计师，其作品十分受欢迎。

材料的选择是关键
手作达人的 DIY 制作教程

想要花园能有自己的个性，可以尝试自己动手制作花园杂货。主营老物件的“Cohako”的店主星野为我们带来手工教程。选择有独特韵味、随时间变化的旧材料是关键。

准 备 工 作

用心选择材料

首先，我们需要了解两种关键材料的特性。因为需要切割木材，也需要了解锯子等相关工具的知识。

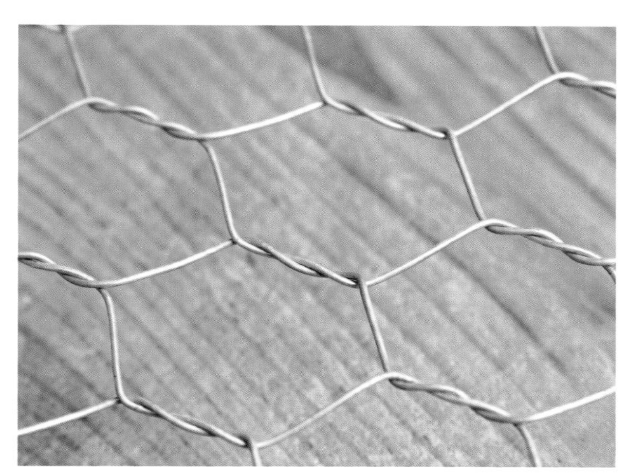

【材料之一】龟甲铁丝网

网眼形状形似龟甲的铁丝网。不要选择塑胶覆膜或是不锈钢材质的龟甲铁丝网，会随时间变化的材质才更有趣味。可以在家居超市或是网上购买。

【材料之二】旧木材

选择的是旧谷仓的木材。因为常年的日晒雨淋，木材的外侧和内侧的颜色明显不同。斑驳的油漆赋予其独特的韵味，很受人们欢迎。

旧 木 材 的 尺 寸

一般来说，旧木材的宽度大约在100mm 以上。需要宽度较小的尺寸时可以让售卖木材的店铺代为切割，或是自己用锯子纵向切割。

初学者适用

锯子使用小课堂

{根据切割的方向选择锯子类型}

锯子主要分为两大类。垂直于木头纹路切割的锯子称为“横割锯”，沿着木头纹路方向切割的锯子称为“纵割锯”。从以下图片可以看出两种齿刃的不同。

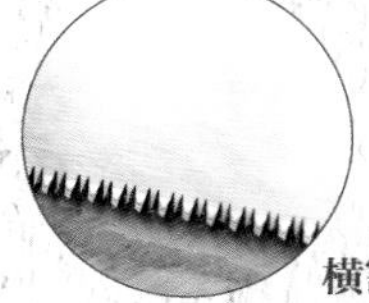

横割锯的齿刃

因为要横切木头，齿刃细密而锐利。斜着切割时也使用这种锯子。

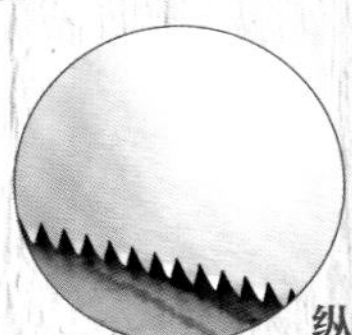

纵割锯的齿刃

沿着木头纹路方向切割时容易卡住，所以须使用较大的齿刃。

{切割木板的5个要点}

Point1

将木材置于底座上

准备厚度约10cm 的底座，切割的时候将木板的一端悬置于底座。

Point2

画好切割线

利用尺子和铅笔画好切割线。

Point3

用手指固定

刚开始切割时，要用大拇指固定住木板，小幅度切割。注意，使用锯子的根部进行切割。

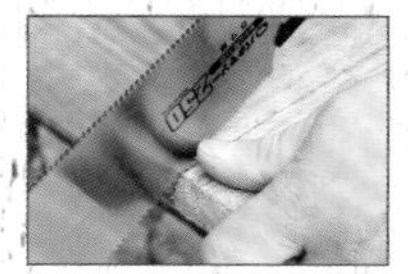

Point4

用钉子卡住缝隙

沿着木纹切割时，随着切割深入，锯子会变得难以移动，此时可以用钉子卡住缝隙。

Point5

保持锯刃的角度

慢慢地加大切割的幅度。木板与刀刃的角度保持在30度角。注意从正上方确认角度。

用一根长木材，制作大小两种尺寸的画框。将大画框涂成白色，小画框涂成原木色，以突出木材的质感。

使用“S形”挂钩，可以将小巧的杂货挂在上面，非常好看。

【成品尺寸】

大：宽度400mm× 厚度25mm× 高度500mm
小：宽度200mm× 厚度25mm× 高度300mm

【材料】

❶龟甲铁丝网（线径1 mm× 孔距26 mm× 宽度910mm）……600mm 长
❷木螺丝（直径3.1 mm× 长度20mm）……32根（分别对应大小两个尺寸）
❸固定用五金（角码 /75 mm×75mm）……4个
❹固定用五金（角码 /90 mm×90mm）……4个
❺旧木材（宽100 mm× 厚度25 mm× 长2000mm）……1根
※ ❺参考 P.107, 事先把旧木材切割成60mm 与40mm 宽的细长条。
白色的木材用于大尺寸的画框，棕色的木材用于小尺寸的画框。

【工具】

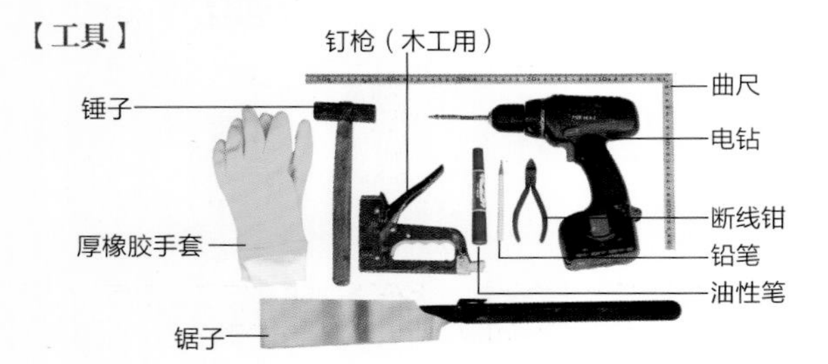

制作方法

1. 在木材上画好切割线

大画框使用宽幅60mm 的木条，需要2根400mm 长与2根500mm 长的木条，按尺寸画好切割线。小画框使用宽幅40mm 的木条，需要2根200mm 长和2根300mm 长的木条。在每根木条的两端都画上45度角的切割线。

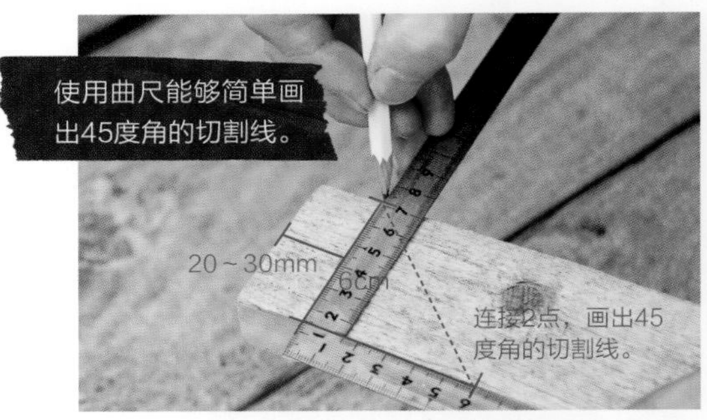

因为木条的两端不是直角，需要使用曲尺画出两端的切割线。再利用等边三角形的原理画出45度角的线。

为了垂直切割，侧面也需要画上切割线。

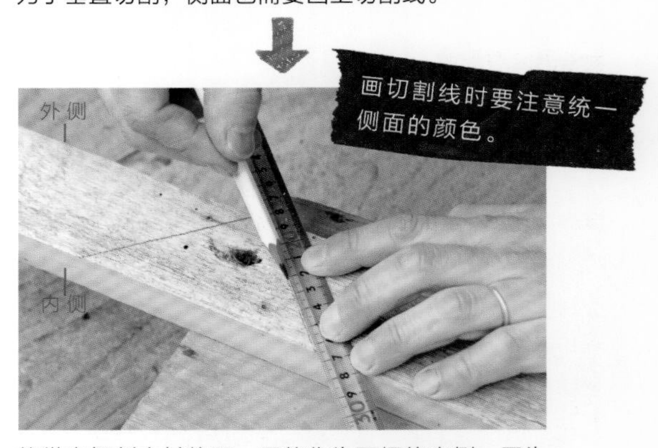

将纵向切割木材的那一面将作为画框的内侧。因为内侧和外侧的木材颜色不一样，画切割线的时候要注意统一侧面的颜色。一根木条上要画8条45度角的线。

2. 用锯子切割木材

沿着画好的线，用锯子切割木材。

切割斜面的时候使用横割锯。

参考 p.107中的要领，注意切割的角度。

大画框的材料锯好后的样子。确认4个角是否贴合。有一点错位可以看作是手工制品的趣味。错位较大可以用砂纸调整。

3. 木条背面用五金件固定

把切割好的木条翻面，把角码放在木条的正中间，用电钻锁紧木螺丝。

为了固定木条，要先把角码里侧的木螺丝拧好。

※ 制作小尺寸的画框时，角码要固定在距离外边10mm 的地方。

不熟练的时候可以事先用木头黏合剂把断面粘住，再拧紧螺丝。

大画框的木条全部拼好后的样子。一个角码需要4根木螺丝，总共需要16根木螺丝。小画框同样需要16根木螺丝。

{ 小尺寸的木框到这一步就做好了！ }

4. 剪下铁丝网并固定

龟甲铁丝网有一定的伸缩性，准备比画框略大的尺寸。贴合在画框的背面，多余的部分用钳子剪掉，再用钉枪固定。铁网的边缘处容易刺破手指，操作时应戴好橡胶手套。

展开铁丝网，在画框上铺平。

将龟甲铁丝网贴合在画框背面，需要裁剪的地方用油性笔做记号。

裁剪时要避开让铁丝网散掉的地方。

参照图片中★号的位置裁剪以免铁丝网散掉。

在铁丝网的边缘用钉枪固定。

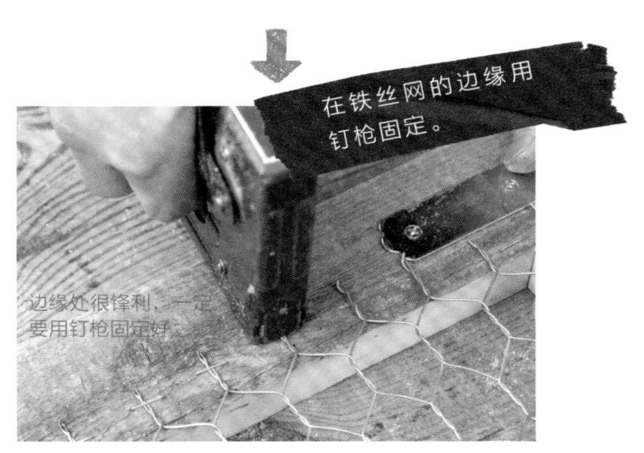

4个边都要用钉枪固定，大概要打40个钉子。最后用锤子把铁丝网的边缘敲平就制作完成了。

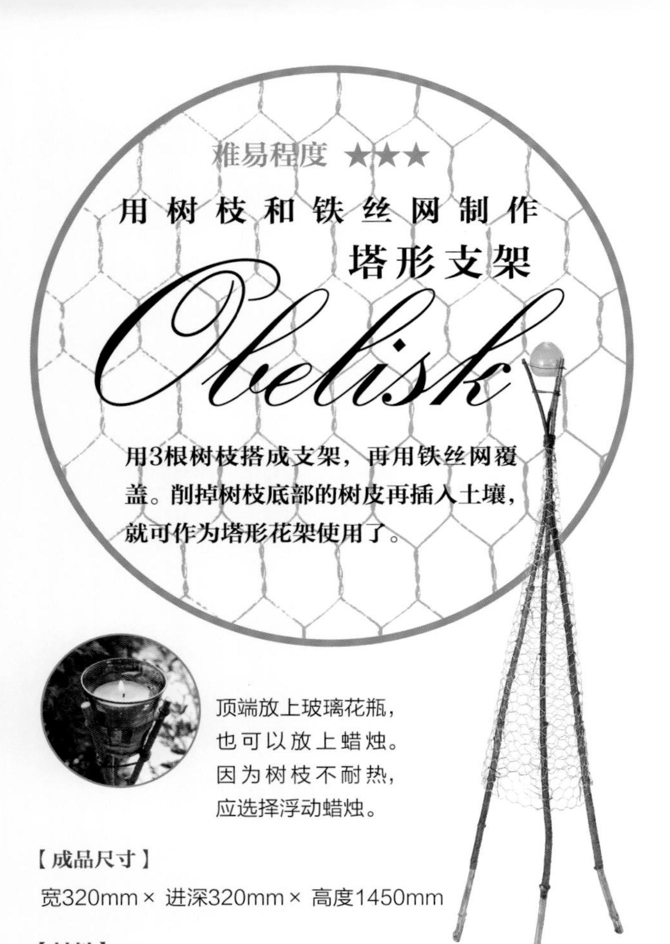

难易程度 ★★★

用树枝和铁丝网制作 塔形支架

Obelisk

用3根树枝搭成支架，再用铁丝网覆盖。削掉树枝底部的树皮再插入土壤，就可作为塔形花架使用了。

顶端放上玻璃花瓶，也可以放上蜡烛。因为树枝不耐热，应选择浮动蜡烛。

【成品尺寸】

宽320mm× 进深320mm× 高度1450mm

【材料】

❶造型铁线（直径2.6mm）……1100mm 长
❷插单支切花的玻璃花瓶
（这里使用的是琉球玻璃制花瓶 / 宽75mm× 高77mm）……1个
❸捆扎线（长450mm）……18根
❹柿漆（无臭配方）……适量
❺龟甲铁丝网（铁丝直径1mm× 孔距26mm× 宽度910mm）……1000mm 长
❻树枝（直径20～30mm× 高度1500mm）……3根

※ ❻使用的是花园修剪下来的枝条。宜选择栎树、樱花树、麻栎树等硬质的树木枝条。

【工具】

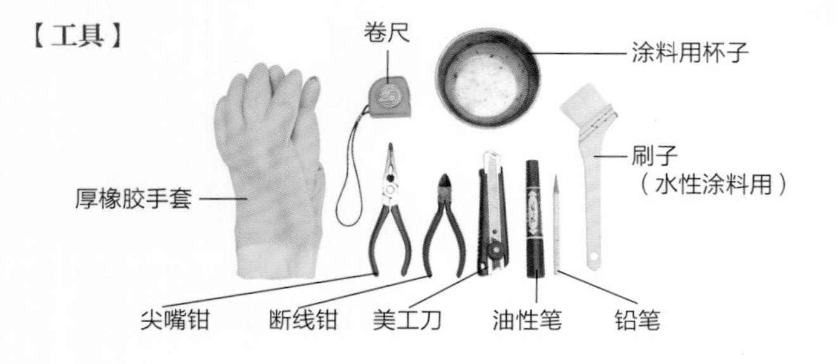

制作方法

1. 树枝的预处理

为了让树枝能耐雨淋，需要涂上有防腐、防水作用的柿漆。有树皮的话，柿漆难以渗透，插入土壤的树枝是最容易腐烂的，需要用美工刀把树皮削掉，再用柿漆充分涂抹树枝。

底端往上200mm 的地方用铅笔做好标记，削掉标记以下的树皮。

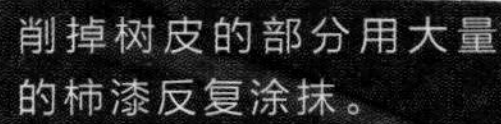

用刷子蘸上柿漆，在树枝上充分涂抹。有树皮的部分少量涂抹，待其干燥。

2. 用铁丝网固定住枝条

将3根枝条的顶端用捆扎线绑好。覆盖上铁丝网后，再用捆扎线固定住。记得戴上橡胶手套操作。

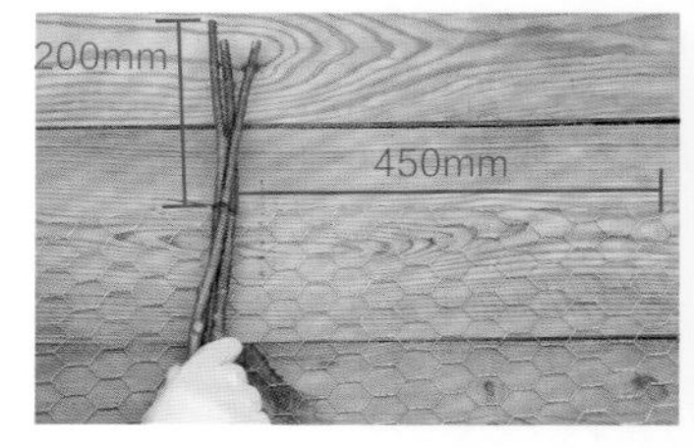

在顶端往下200mm 的地方固定。如同图片所示，铁丝网的边缘处同样覆盖在这里，用捆扎线绑好。

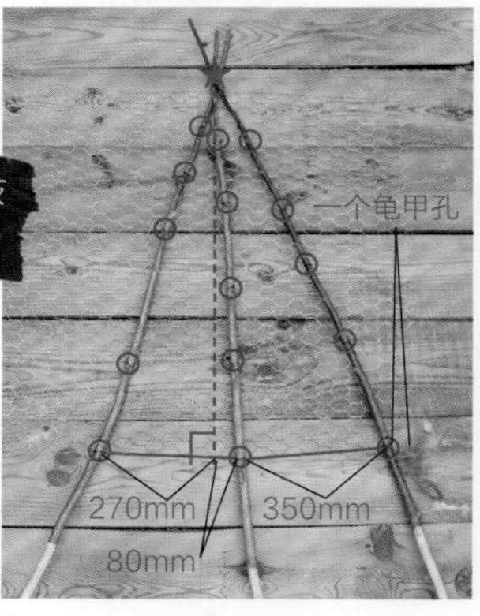

如图片所示，把3根树枝展开，中间的树枝向左偏移80mm，再固定住。在○处用捆扎线固定。

3. 剪掉多余的铁丝网

在右边枝条的右侧留1个龟甲孔长度的铁丝网，其余部分用断线钳剪掉。从右边向内侧用力把铁丝网卷起来，让树枝像三角锥一样立起来。外侧重合的铁丝网再次用断线钳剪掉。

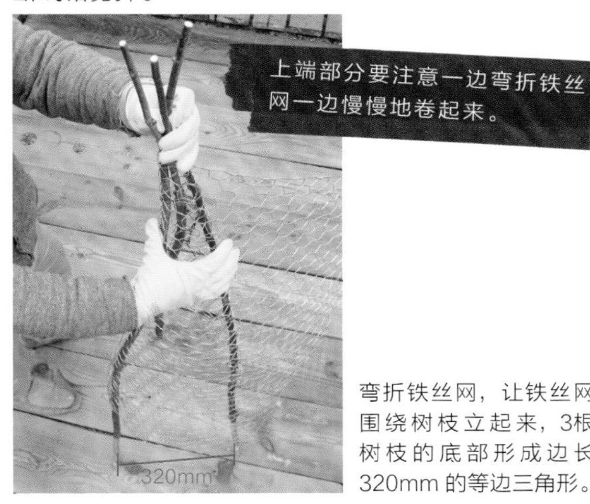

弯折铁丝网，让铁丝网围绕树枝立起来，3根树枝的底部形成边长320mm 的等边三角形。

卷在里侧的铁丝网边缘用尖嘴钳抽出来，缠绕在外侧的铁丝网上。铁丝很尖利，注意向内卷曲。

里外两层铁丝网固定后再预留一个龟甲孔距离。把铁丝网拉直，从下往上420mm 的地方剪掉。剪掉后的铁丝网边缘向内弯折。

4. 制作底座

支架顶端放置花瓶的底座用造型铁线和捆扎线制作，最后用造型铁线固定在树枝上。

把造型铁线裁成400mm 长，在树枝顶端下方80mm 处固定，再缠绕在每一根树枝上。树枝之间的距离控制在60mm 左右，用造型铁线固定。

把两根捆扎线搓成一条，用与造型铁线同样的方式固定在树枝顶端下方20mm 处。

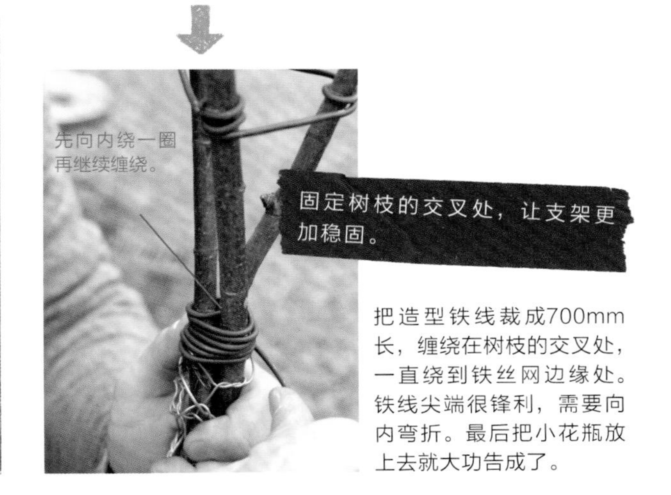

把造型铁线裁成700mm 长，缠绕在树枝的交叉处，一直绕到铁丝网边缘处。铁线尖端很锋利，需要向内弯折。最后把小花瓶放上去就大功告成了。

Plants Catalogue for Nostalgic Garden

适合怀旧风花园的植物图鉴

接下来，将介绍适合怀旧风杂货花园、富有观赏价值的植物。这些植物不但外形美观，而且习性强健、容易种植。

4 为植物组合带来流畅感的过渡植物

1 构成花园主体的树木

2 为植物组合带来变化的彩叶植物及观赏草

3 让花园张弛有度的互补色草花

5 为地面增加色彩的地被植物

1

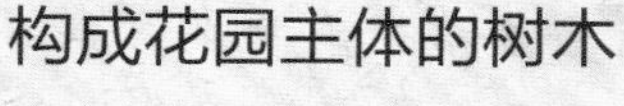

构成花园主体的树木

支撑起花园骨架、亭亭玉立的中高乔木。外形圆润，填补乔木底部空白的低矮灌木。种植以上两种树木能让花园看起来更立体，观赏价值更上一层。

连香树

连香树科 / 落叶乔木
树高：5m 以上
花期：4—5月

近似爱心形状的叶片很轻薄，给人以轻盈的印象，秋天会变成美丽的黄叶，落叶期还会散发甜美的香味。另有黄叶品种。

金边冬青卫矛

卫矛科 / 常绿灌木
树高：3~5m
花期：6—7月

耐阴性好，在遮阴环境下也能生长良好。带金边的光滑叶片能够点亮暗沉的环境。秋天结出美丽的开裂果实。

凤榴（别名：菲油果）

桃金娘科 / 常绿灌木
树高：3~5m
花期：5月中旬至6月

革质叶片较厚，有银白色光泽。初夏时开出独特的花朵，秋天结出直径5cm 左右的果实。

酒红美国蜡梅

蜡梅科 / 落叶灌木
树高：3~5m
花期：5—6月

优雅的酒红色花朵独具魅力。开花性好，有甜美的浓香。习性强健，容易种植。

金边埃比胡颓子

胡颓子科 / 常绿灌木
树高：2m 左右
花期：10—12月

带金边的厚质叶片十分美丽，能耐受夏季的直射阳光。耐修剪，可作为树篱种植。

加拿大紫荆‘银云’

豆科 / 落叶灌木
树高：2~3m
花期：4月

带白色斑纹的圆形叶片给人清爽的感觉，春季开放的淡粉红色花朵也很美丽。夏季的直射阳光会晒伤叶片，适合在半阴环境栽种。

绣球‘安娜贝拉’

绣球科 / 落叶灌木
树高：1~1.5m
花期：6月

柔美的圆球形白花开在直立的细长枝干上，随着时间推移，花朵会变为淡绿色。喜欢半阴环境，耐寒性强。

2

为植物组合带来变化的彩叶植物及观赏草

色彩丰富的彩叶植物。虽然不像开花植物那么华丽，也能让场景更明亮或更优雅，让花园的层次更加丰富。当它们开出小花时，观感又将发生改变。

大戟‘黑鸟’

大戟科 / 宿根植物
株高：约40cm
花期：4—6月

常绿的叶片近似黑色，给人以独特、低调的印象。耐旱性强，不易倒伏，株型较为规整，很适合与其他植物搭配种植。

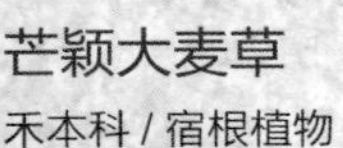

芒颖大麦草

禾本科 / 宿根植物
株高：约60cm
花期：4—7月

柔软的穗状花序的尖端略带粉红色，是一种特别美丽的观赏草。耐寒性强，耐热性弱。

莲子草属‘天使蕾丝’

苋科 / 宿根植物
株高：约20cm
花期：5—11月

白色的皱叶看起来纤细又美丽，给人以清凉的感觉。习性强健，株型如果乱了可以回剪。耐寒性差，冬季应移到室内。

珍珠菜‘鞭炮’

报春花科 / 宿根植物
株高：约60cm
花期：7月

高挑的株型和红褐色的叶片散发出迷人的魅力，叶片与黄色花朵之间的对比也很美丽。习性强健，不挑土壤，易于种植。

白粉藤‘亚马孙’

葡萄科 / 藤本宿根植物
株高：约5cm
花期：——

半灰色的绿色叶片看起来很特别。耐寒性较差，更适合盆栽，冬季需要移进室内管理。

金叶茅莓

蔷薇科 / 落叶灌木（半藤本）
株高：约15cm
花期：4—6月

生长旺盛，枝条可达50~80cm长，很适合用于组合盆栽或者作为地被植物。

花叶鱼腥草

三白草科 / 宿根植物
株高：约40cm
花期：5—8月

绿色叶片中混杂着奶油白、红色和粉红色。叶片开始变红时更加美丽。耐阴，生长旺盛，靠地下根茎繁殖。

锦叶扶桑

锦葵科 / 落叶灌木
株高：1.5m 以上
花期：7—11月

扶桑的一个园艺品种，叶片上有绿色、红色、白色的斑纹。具有透明感的红色花朵也很美丽。耐寒性弱，冬季需要搬到室内管理。

小头蓼‘红龙’

蓼科 / 宿根植物
株高：约80cm
花期：5—6月

紫红色的叶片上有蓝色或绿色的斑纹，看起来光泽而美丽。适合混植于花坛或应用在组合盆栽里。冬季地上部分会枯萎。

紫绒藤

菊科 / 宿根植物
株高：约15cm
花期：4—5月

嫩叶呈紫色，成叶会慢慢变成绿色。藤条可长到1m 长，可以用于组合盆栽或者垂吊观赏。耐寒性较差，冬季要搬到室内管理。

蟆叶秋海棠

秋海棠科 / 宿根植物
株高：30~40cm
花期：6—9月

一种观叶型秋海棠，有着独特的艳丽叶片。品种丰富，颜色鲜艳，很适合用于组合盆栽。耐寒、耐热性都不强。

日本安蕨

蹄盖蕨科 / 宿根植物
株高：30~40cm
花期：——

银色为主的叶片中央有紫色斑纹，美丽而独特。种植在半阴的湿润环境中颜色会更加鲜艳。

金叶绿脉美人蕉

美人蕉科 / 草本植物
株高：约1m
花期：7月中旬至10月上旬

绿色叶片上有黄色的纹路，十分醒目。橘红色的花朵让其在花坛中存在感十足。几乎没有病虫害，容易种植。

红背耳叶马蓝（别名：波斯红草）

爵床科 / 常绿灌木
株高：60~100cm
花期：9—10月

令人惊艳的紫红色叶片上有着绿色的叶脉，闪耀着金属的光泽。喜欢日照，耐寒性较差。

箱根草

禾本科 / 宿根植物
株高：50~60cm
花期：8—10月

随风摇摆的叶片有着日式的风情。带斑纹的品种给人以清爽的印象，能融入各种风格的花园。

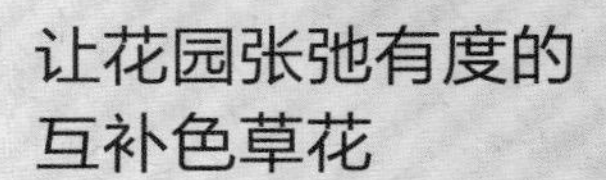

让花园张弛有度的互补色草花

为了风格统一而大量使用同一色调的植物，有时候会让花园缺乏亮点。这时候可以添加一些个性突出、颜色艳丽的植物。

3

须苞石竹‘黑熊’

石竹科 / 宿根植物
株高：50~60cm
花期：5—7月

丝绸般的质感加上厚重的黑紫色，让它成为花坛中的焦点。怕闷热环境，适合种植在通风良好的地方。

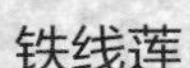

铁线莲

毛茛科 / 宿根藤本植物
株高：2~3m
花期：5—10月

品种丰富，花有粉红色、红色、蓝色、紫色等颜色。深色品种的铁线莲能让花园景色变得更加深邃。适合牵引到栅栏或其他支架上。

郁金香

百合科 / 球根植物
株高：20~70cm
花期：4月

郁金香形态各异、品种丰富，是早春花园里的焦点。近年来，出现了越来越多的深色品种。

虞美人

罂粟科 / 宿根植物 · 一年生植物
株高：30~80cm
花期：4—5月

轻薄的花瓣像折纸艺术品一样，十分美丽。一年生品种会在夏季前枯萎。宿根品种怕湿热天气，应该种植在通风良好的地方。

月季‘王子’

蔷薇科 / 落叶灌木
株高：1~1.2m
花期：5—10月

花朵初开时是酒红色，慢慢变成紫色。株型不大，可以种植在狭小的空间或者花盆里。有香味。

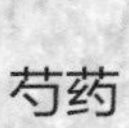

芍药

芍药科 / 宿根植物
株高：约60cm
花期：4—5月

白色、粉色等鲜艳色彩的花朵为花园带来华丽的视觉盛宴。根系发达，相较于盆栽，更适合种植在花坛中。

角堇、三色堇

堇菜科 / 一年生植物
株高：约20cm
花期：12月至翌年5月上旬

花色丰富，是早春花园不可或缺的开花植物。花朵渐次开放，需要及时摘除谢花。

金光菊

菊科 / 宿根植物
株高：30~90cm
花期：7—10月

即使在酷暑季节，橙黄色的花朵也能开得很好。如果环境不闷热，地栽的植株明年还能开花。

盾叶天竺葵

牻牛儿苗科 / 常绿灌木
株高：30~60cm
花期：4—11月

习性强健，除了极寒极热的环境，在其他情况下都能开出艳丽的花朵。不耐水湿，一般种植在花盆中，放在淋不到雨的地方。

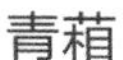

青葙

苋科 / 一年生植物
株高：40~60cm
花期：7—10月

和鸡冠花同属，花朵形似蜡烛火焰。喜欢光照好、排水好的地方。避免种植在过湿的环境，注意通风。

百日菊

菊科 / 一年生植物
株高：30~100cm
花期：6—10月

品种丰富，形态各异。以花型区分，有单瓣及重瓣；以颜色区分，有红色、橙色、粉红色、黄色等，可为夏秋季的花园带来鲜艳的色彩。

总苞鼠尾草

唇形科 / 宿根植物
株高：1~2m
花期：7—11月

一种大型鼠尾草，玫瑰色的花朵会持续开放，在花序的前端会有可爱的苞片。习性强健，容易种植。

马鞭草属植物

马鞭草科 / 宿根植物
株高：20~100cm
花期：5—10月

花色丰富，不仅有单色品种，还有复色品种。株型舒展，根据品种不同可以种植在花坛、花盆、垂吊盆等。

大丽花

菊科 / 宿根植物
株高：0.3~2m
花期：6—10月

品种丰富，有多种花色和花型。小花品种看起来可爱，大花品种则非常华丽，引人注目。

观赏菊

菊科 / 宿根植物
株高：50~100cm
花期：9—10月

菊花的园艺改良品种，株型紧凑，花量大，为秋季花园带来迷人的色彩。

4

为植物组合带来流畅感的过渡植物

在华丽或个性十足的植物中，色彩或形态低调的过渡性植物也是不可或缺的。柔和的姿态使其可以自然地融入花坛中。

矢车菊

菊科 / 一年生植物
株高：30~100cm
花期：6—10月

蓝色、白色、粉红色等可爱的小花开在细长枝条的顶端。种植在强风地区的需要立好支柱，防止倒伏。

三色鸟眼花

花荵科 / 一年生植物
株高：40~50cm
花期：4—5月

淡蓝色至紫色的优雅花朵非常美丽，群开时更是壮观。分裂状叶片为植物组合带来不同的观感。自播苗可开花。

黑种草

毛茛科 / 一年生植物
株高：约60cm
花期：5—6月

细长的叶片呈分裂状。开淡粉色、蓝色或白色的清秀花朵。花谢了以后会结出形状奇特的果实。

蕾丝花

伞形科 / 一年生植物
株高：60~70cm
花期：5—6月

白色蕾丝般的花朵渐次开放，纤细的植株随风摆动，看起来很美。习性强健，可自播繁殖。

毛剪秋罗

石竹科 / 一年生植物
株高：60~80cm
花期：5—6月

银灰色叶片有着天鹅绒般的质感。小花呈白色或深粉红色。喜光照强和略干燥的环境。

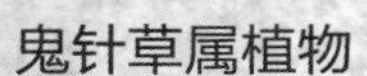

鬼针草属植物

菊科 / 宿根植物
株高：50~80cm
花期：7月至翌年1月

开淡黄色或明黄色的花朵。生长旺盛，开花期长。不耐酷暑及严寒环境。

麦仙翁

石竹科 / 一年生植物
株高：60~90cm
花期：5—7月

粉色或白色花朵开在纤细的花茎上，楚楚可怜又富有野趣。容易倒伏，避免种植在强风地区。

5

为地面增加色彩的地被植物

贴地横向生长的地被植物可以遮盖裸露的土壤，让花园看起来更加富有活力。此外，地被植物还能抑制杂草，与铺地的小石头组合起来，打造层次丰富的场景。

常春藤

五加科 / 常绿藤本
枝条长度：3m 以上
花期：——

叶片颜色和形态多种多样，观感也各不相同。在任何环境中都能生长得很好，枝条很长。常用于组合盆栽中。

千叶兰

蓼科 / 常绿灌木
株高：10~15cm
花期：7—9月

铁线一样的细长枝条上长着圆圆的小叶子，株型蓬松而舒展，很适合用在绿色植物的组合盆栽。有心形叶片和斑纹品种等。

皱果蛇莓

蔷薇科 / 宿根植物
株高：约5cm
花期：4—6月

春季开出黄色的小花，而后结出可爱的红色小果实。匍匐生长，可以快速地扩张领地。喜欢湿润的环境。

筋骨草

唇形科 / 宿根植物
株高：10~30cm
花期：4—5月

有斑纹、紫叶等品种，给人以稳重的感觉。开蓝色的穗状花朵，靠匍匐茎繁殖。

蔓长春花

夹竹桃科 / 宿根植物
株高：约5cm
花期：4—5月

叶片有光泽感，枝条生长旺盛，覆盖力强。有黄色斑纹品种。春季开出淡紫色或其他颜色的花朵。

美丽月见草

柳叶菜科 / 宿根植物
株高：30~50cm
花期：5—8月

淡粉色的小花渐次开放，质朴而可爱。生长旺盛，容易扩张，很容易分株培育。

羊角芹

伞形科 / 宿根植物
株高：20~30cm
（开花高度30~50cm）
花期：6—8月

和鸭儿芹同科，带明亮斑纹的叶片和白色花朵的组合十分美丽。种植在半阴、土壤湿润的环境中时，生长旺盛。

图书在版编目（CIP）数据

怀旧杂货花园 / 日本 FG 武藏著；久方译．-- 武汉：湖北科学技术出版社，2021.8
（绿手指杂货大师系列）
ISBN 978-7-5706-1589-6

Ⅰ．①怀… Ⅱ．①日… ②久… Ⅲ．①花卉－观赏园艺 Ⅳ．① S68

中国版本图书馆 CIP 数据核字 (2021) 第134239号

怀旧杂货花园
HUAIJIU ZAHUO HUAYUAN

责任编辑：张丽婷
封面设计：胡　博
督　　印：刘春尧

出版发行：湖北科学技术出版社
地　　址：湖北省武汉市雄楚大道268号出版文化城 B 座13-14层
邮　　编：430070
电　　话：027-87679468
印　　刷：武汉市金港彩印有限公司
邮　　编：430023
开　　本：787 × 1092　1/16　7.5印张
版　　次：2021年8月第1版
印　　次：2021年8月第1次印刷
字　　数：15万字
定　　价：58.00元

（本书如有印装质量问题，可找本社市场部更换）